エンジニア入門シリーズ

—Pythonでゼロからはじめる—

AI・機械学習のためのデータ前処理［入門編］

［著］

徳島大学

北 研二

西村 良太

松本 和幸

科学情報出版株式会社

はじめに

2010年ごろを境に、ビッグデータという言葉が、わたしたちの身の回りに急速に浸透し始めた。同時に、ビッグデータから機械学習に基づき知的なAIシステムを構築することが昨今のブームとさえなってきている。本書は、これらの機械学習システムを構築するうえで避けては通れない、データの前処理の部分を中心に解説している。AIなどの機械学習システムを第一に想定しているが、本書で説明する各種の技術は、ビッグデータから有用な知識を獲得するデータマイニングやデータ分析などにも有効に用いることができる。

さて、ビッグデータという言葉は耳に心地よく、なんとなく宝の山のように感じるかもしれないが、実はビッグデータは玉石混交であり、宝とゴミが入り混じっている。さらには、データの規模が大きくなればなるほどゴミも増え、その中から宝を取り出すのがますます困難になってくる。コンピュータサイエンスの分野では、"Garbage In, Garbage Out"（略してGIGO）という警句がある。文字通り、「ゴミからはゴミしか得られない」「ゴミを入れればゴミが出てくる」ことを意味しているが、この警句はまさに機械学習の一面を言い当てている。よい機械学習システムを構築するためには、データからゴミを排除し、データを学習しやすい形に加工するという作業が重要となってくるが、これこそがまさしく前処理の真髄である。

最近は、TensorFlowやKerasをはじめとする数多くの機械学習用のフレームワークやライブラリが無償で利用可能であり、これらのフレームワークやライブラリを利用することで、一見、プログラミングの敷居は低くなってきているようにみえる。公開されている機械学習用のデータセットを利用して、誰もが簡単にAIシステムを作ることができる。しかし、独自のデータセットを用いて、独自のシステムを構築する場合には、大きな問題が立ちはだかっている。よくいわれていることであるが、現実のデータは汚い。データをそのまま使えば、それこそ"Garbage In, Garbage Out"の事態に陥る。現実のデータから、有用なAIシステムを構築できるかどうかは前処理の成否にかかっているとさえいえる。また、一説によると、実際のAIや機械学習システム構築の現場では、エンジニアが作業に携わる時間の6割～8割はデータの収集と前処理に費やされているともいわれている。

本書では、従来の機械学習の書籍では十分に扱われていなかった前処理技術に焦点をあて、技術の単なる解説だけではなく、実際に動くプログラムを通して、読者が理解できるような実践的な書を目指した。本書には姉妹編として『実践編』も出版が計画されているが、『実践編』ではより高度な前処理技術と、テキスト・画像・音響・音楽等のメディアデータに対する前処理技術について解説した。本書『入門編』とあわせてご活用いただきたい。

なお、本書の執筆は、1章（北）、2章（西村）、3章と4章（松本）の分担で執筆し、最後に北が全体をとりまとめた。読者が理解しやすいようにリライトし、表記や用語等、なるべく統一するように心がけたつもりだが、見逃した点も多々あるかと思う。この点はご容赦いただきたい。プログラム部分については各人ごとのスタイルもあり、変更は必要最小限にとどめた。

本書の出版に関しては、多くの人のお世話になった。特に、科学情報出版編集部には、本書の構成と編集において、ご尽力いただいた。著者を代表して、ここに厚くお礼を申し上げたい。

2021年6月

北 研二

本書の概要

機械学習やAIの分野では、プログラミング言語としてPythonを用いることが多いが、本書でも、Pythonで各種のプログラムを記述している。また、Pythonの実行環境として、Google Colaboratory（略してGoogle Colab）を用いるが、他の環境で動かすことも容易になるように、心がけてプログラムは作成した。本書のプログラムで使用している各種ライブラリのバージョンについては、第2章（特に表2.4）を参照されたい。

なお、本書に掲載したプログラムは、以下からダウンロードして利用可能である。“Practice makes perfect”（習うより慣れろ）という格言にもあるように、実践することが理解を完璧にするので、ぜひご自分の手でプログラムを動かしてみてほしい。

プログラムのダウンロード

```
https://github.com/ppbook/
```

1章で機械学習や前処理の概要について説明したあと、2章でGoogle Colabや機械学習関係のPythonのライブラリについて解説している。3章では、前処理の基本的な技術として、データの標準化や正規化、外れ値や欠損値に対する前処理について説明している。4章では、特徴選択と次元削減を扱っている。機械学習では、認識や分類に関係する多くの特徴の中から、特に有効な特徴を見つけたい場合があるが、このようなときに用いられるのが特徴選択である。また、次元削減は、多くの特徴を圧縮することにより、少数の特徴に変換する技術である。次元削減は、データ分析などでデータの可視化を行いたい場合にも有効な技術であり、4章でも、データの可視化の例を豊富にとりあげた。

目　次

はじめに

1章　AI・機械学習における前処理

2章　Google Colabによる実行環境

3章　基本的な前処理技術

4章　特徴選択と次元削減

1章

AI・機械学習における前処理

機械学習（machine learning）とは、簡単にいえば、大量の例を使って学習することにより、将来出会うであろう未知の事象に対する予測を正しく行うための仕組みである。本章では、機械学習システムを構築するまでのロードマップを説明し、そのなかで機械学習の分野でよく使われるいろいろな用語を解説する。また、機械学習において、前処理はどのような位置づけにあるか、また前処理の中では具体的にどのようなことが行われるかについて説明しよう。

1．1　機械学習システムの構築

1．1．1　機械学習の例

まず単純な例で、機械学習システムを構築するまでの流れを説明する。ここでは、花びらの写真から、それが桜の花であるか、あるいは梅の花であるかを識別するようなシステムを作ることを考えよう（図1.1参照）。これが最初のステップ「**問題設定**」である。この例のように、与えられたものが、2つのうちのどちらに属するかという問題を2クラス分類問題という。

桜の花びらは先が割れており、梅の花びらは先が丸くなっているという特徴があるので、画像処理に基づき花びらの形状を調べるというアルゴリズミックな手法により、この問題を解決するということも考えられる。しかし、花びらの形状には個体差があるうえ、写真を撮る角度や光の当たり方などによっても見かけの形状に違いが出てくるため、アルゴリズミックな手法では手作業による細かなチューニングが必要となる。

このような問題に対しては、桜や梅の花びらの写真データをたくさん集めてきて、データか

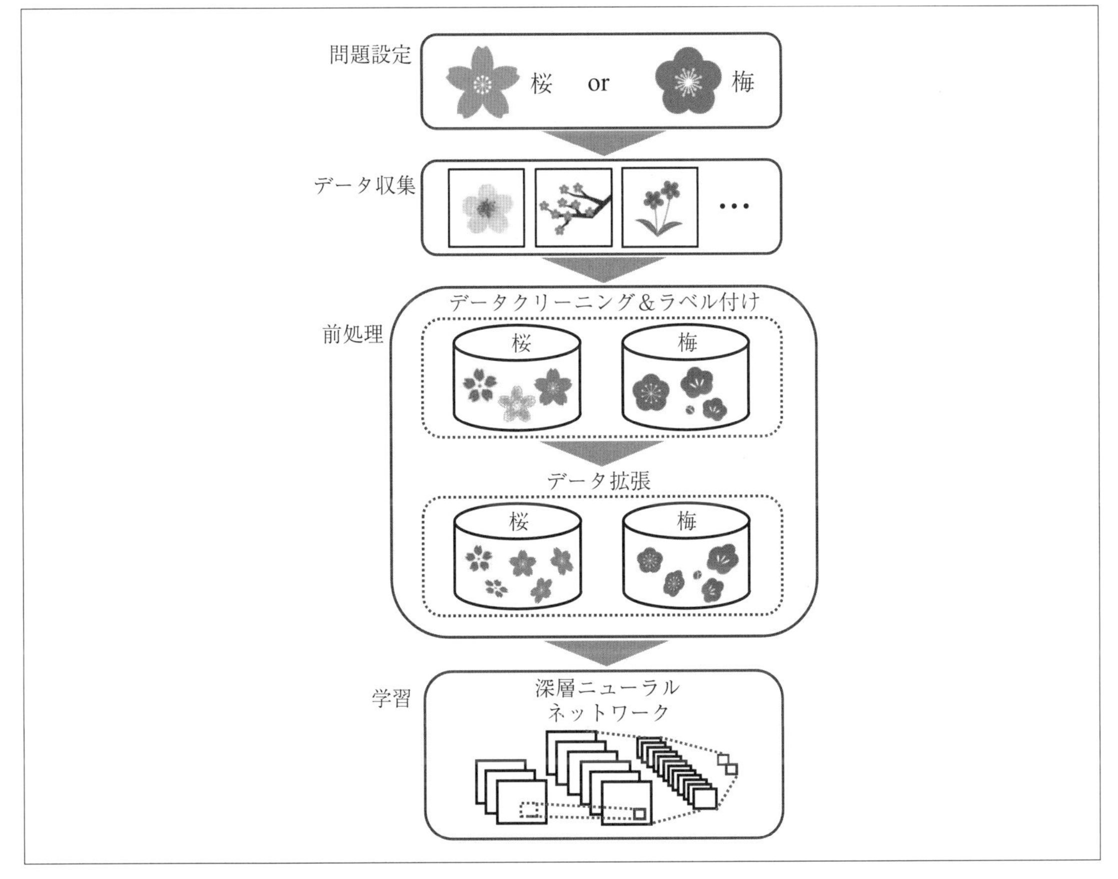

〔図1.1〕桜と梅の花びらの判別

ら2つのものを識別するような特徴やパターンを自動的に学習するという機械学習に基づく手法が適している。

先に述べたように、機械学習では問題解決にあたって、たくさんのデータを集めてくる必要があるが、これが2番目のステップ「**データ収集**」である。最近は、Google画像検索のように、キーワードから画像を見つけてくる類似画像検索システムが手軽に利用可能であり、これらの画像検索システムを使えば、桜や梅の花びらの画像データをたくさん収集することができる。

機械学習の次のステップは「**前処理**」であるが、図1.1では前処理の中にいくつかの項目が書かれている。順に説明しよう。データ収集の際に問題となるのが、収集したデータの品質である。キーワードによって、画像検索システムが出力する検索結果の品質は異なり、場合によっては、自分の望み通りの検索結果が得られない場合もあるだろう。桜の花びらの画像検索結果の中には、遠くから桜の木を写したような写真があるかもしれないし、ときには桜の花以外の写真が混ざっているかもしれない。収集した画像データを精査し、不要なデータを除去する作業が**データクリーニング**（data cleaning）である。また今回は、機械学習により、たくさんの画像データから桜の花（あるいは梅の花）の特徴やパターンを自動的に学習することが目的であるので、画像データの中のどれが桜の花で、どれが梅の花であるかという答を明示的に与えてあげておく必要がある。この作業を**ラベル付け**（labeling）とよんでいる。

前処理の後には「**学習**」のステップがくる。図1.1では、ラベル付けされた画像データを使って、桜と梅の花びらをクラス分類するような深層ニューラルネットワークを学習している。このように入力（いまの例では画像）に対する正解（ラベル）が与えられているような学習を**教師あり学習**（supervised learning）とよぶ。機械学習の種類によっては、入力データのみがあり、データの中に潜む隠れた構造を見つけるというようなものもある。このような学習は、**教師なし学習**（unsupervised learning）とよばれる。

1.1.2　機械学習システム構築の流れ

1.1.1では、桜と梅の花の識別という簡単な例で機械学習の流れをみてきたが、より一般的な機械学習の流れを図1.2に示す。なお、図に示す流れは典型的なものであり、場合によっては、順番が入れ替わったりすることもありえる。たとえば、すでになんらかの膨大なデータが蓄積されており、この膨大なデータを活用してなにか知的なシステムが構築できないかということで機械学習システムを考えることもあるだろう。この場合には、問題設定とデータ収集の順番が入れ替わる。また、使うべき機械学習のモデルは早い段階で決まっており、このモデルに合わせたデータ収集を行うということも考えられる。以下では、図1.2の各ステップを順に説明しよう。

問題設定

適切な問題設定ができれば、8割方は解決したも同然とまでいわれているので、問題設定はとりわけ重要である。機械学習は、従来型のアルゴリズミックな処理では複雑すぎて手に負えない問題や、明示的な解決策がわかっていないような問題に適している。機械学習はデータ主導型のアプローチであるので、もちろん、なんらかの方法でデータが入手できるということを前提にしている。

データ収集

機械学習システムを構築する場合には、モデルの選択や学習アルゴリズムなども重要であるが、それにもまして重要なのがデータの量と質である。量の問題を担保するのがデータ収集であり、質の問題を担保するのが次項の前処理である。

インターネット上には、さまざまな目的で作成されたデータセットや、これらのデータセットを扱うサンプルプログラムが公開されているので、利用可能なデータセットがあれば、これらを用いるのが一番簡単である。公開されたデータセットがみつからない場合には、自前でデータ収集する必要がある。不特定多数の人たちに安価でデータ収集作業を依頼するという**クラウドソーシング**（crowdsourcing）や、プログラムによりインターネット上のWebサイトを自動的に巡回しデータ収集するという**クローリング**（crawling）などがある。

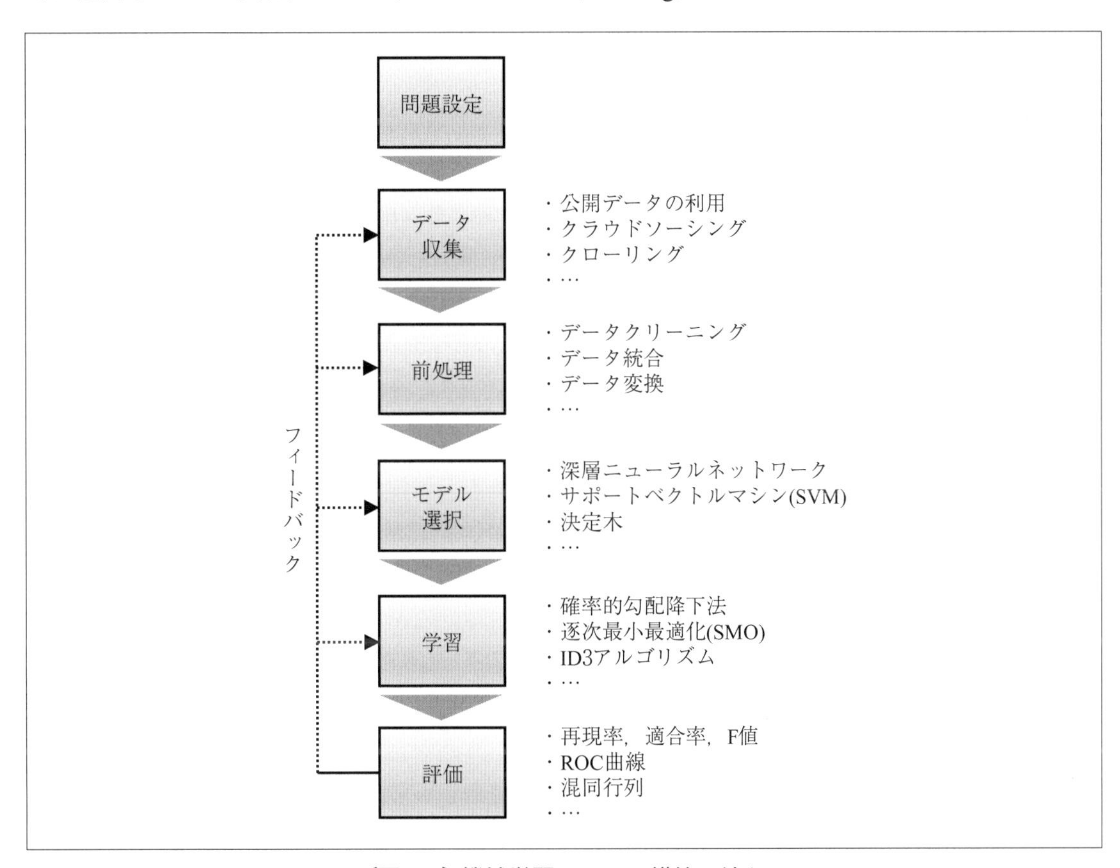

〔図 1.2〕機械学習システム構築の流れ

桜と梅の識別の例であったように、教師あり学習では、各データに対し正解（ラベル）を付与しておく必要があるが、**ラベル付け**はデータ収集のステップで行われることもあれば、前処理ステップで行われることもある。

前処理

公開データでは、データがきれいに整形されていることも多く、この場合には特別な前処理は必要ない。しかし、自前で収集したデータは一般に玉石混交であり、きれいなデータとゴミが入り混じっている。収集したデータからゴミを取り除き、後の処理に都合のいいようにデータを整形するステップが前処理である。前処理については、次節で詳しく説明する。

モデル選択

さまざまな機械学習モデルがあるが、どのモデルを使うかを決定するステップである。問題の規模や性質、データ量、要求される精度、学習に要する時間などを考慮して決定する必要がある。場合によっては、複数のモデルを試して、その中から一番いいものを選ぶ必要があるかもしれない。

身近な問題である分類問題でさえも、*k*- 近傍法、ロジスティック回帰、サポートベクトルマシン（SVM）、決定木、ランダムフォレスト、ニューラルネットワークなど、数えきれないほどのモデルがある。また、各モデルのなかにも、多くのバリエーション（たとえば、ニューラルネットワークの構造など）が存在するので、いろいろな要因を考慮し慎重に選ぶ必要がある。

学習

手元にあるデータを使って、機械学習モデルの学習を行うステップである。多くの場合、機械学習モデルは損失関数の値が最小となるようなパラメータをなんらかの最適化アルゴリズムで求める。機械学習を実行する際には、scikit-learn や TensorFlow などのライブラリ / フレームワークがよく用いられるが、これらのライブラリ / フレームワークには各種のモデルに合った最適化アルゴリズムが実装されている。

ここで、機械学習の最終目的について、再度、確認しておこう。最終目的は、学習を通じて、未知のデータに対する予測を正しく行うことである。もし、学習の段階で手持ちのデータをすべて使ってしまうと、すべて既知のデータということになってしまい、未知のデータがなくなってしまう。未知データは、正しく学習できたか否かを評価するために必要であるので、通常はデータを次のように分割する。

①**学習データ**（training data）：モデルのパラメータ推定などの学習に用いられるデータである。

②**バリデーションデータ**（validation data）：学習の過程で、モデルが正しく学習されているかを確認するためのデータである。**検証データ**ということもある。なお、バリデーションデータを用いない場合もある。

③**テストデータ**（test data）：最終的にモデルが正しく学習されたか否かを評価するためのデータである。

学習のステップでは、上記の学習データとバリデーションデータのみを用いる。通常、学習データはデータ全体の6割から8割程度である。

評価

機械学習システムの学習が正しく行われたかを確認するステップである。学習データは完璧に処理できるが、学習データに含まれていないデータ（未知データ）はまったく処理できないという事態は最悪である。正しく評価を行うために、学習データとは無関係のテストデータを用いる。評価結果は、機械学習システムの高性能化のために、他のステップにフィードバックされることになる。

1.2　データの前処理

データ収集により集められた生のデータがそのままの形で用いられることは滅多にない。前処理により、データにはさまざまな処理が行われて、機械学習に適した形に整形される。前処理で行われる処理を図1.3に示している。

1.2.1　データの形式

以下では、前処理の中身について説明するが、その前にデータそのものについて考えてみたい。世の中には実にさまざまな形態のデータが存在する。自然言語で書かれたテキスト形式のデータもあれば、数値ばかりから成る表形式のデータや、画像データ、映像データ、音楽データなど、データの形態や形式には枚挙にいとまがない。ここでは、話を簡単にするために、データはCSVのような表形式で表されているものと仮定する。各行（レコード）は1つのデータ（エンティティ）に対応しており、各列（フィールド）はエンティティの持つ属性値や特性などを表している。

前処理からの出力は、通常は数値データである。表の1行が、数値の並び（ベクトル）に変換されて出力される。すなわち、1つのエンティティが1つのベクトルで表現されるが、これを**特徴量ベクトル**（feature vector）あるいは**特徴ベクトル**、ベクトルの各要素を**特徴量**（feature）とよぶ。なお、教師あり学習の場合には、各特徴ベクトルに対し、正解がどうなるかというラベルも同時に与えられることになる。

表形式のデータの場合は、上で述べたように、1つのデータがベクトル（1次元配列）で表現されるので、データ全体は行列（2次元配列）で表現することができる。しかし、カラー画像の場合には、1つの画像は2次元配列（縦×横）が3つ（RGBの3チャネル）となるので、データ全体は、

　　　データ数×チャネル数×縦サイズ×横サイズ

の多次元配列で表されることになる。このような一般化された配列のことを**テンソル**（tensor）とよぶ。

1.2.2　データクリーニング

前処理の最初に実行されるプロセスであり、データからゴミを取り除き、きれいな形のデータのみを抽出する。**データクレンジング**（data cleansing）とよばれることもある。表形式で表されるデータの場合には、無効な値を含む行の削除、外れ値を含む行を削除することなどが行われる。

欠損値の処理も重要である。欠損箇所を多数含む行は削除することもあるが、なんらかの推測処理により適切な値を埋めることができれば、それに越したことはない。欠損値をその列の平均値で置き換えるという単純な手法から、他の列の値から欠損値を予測するなど、いろいろな手法が存在する。

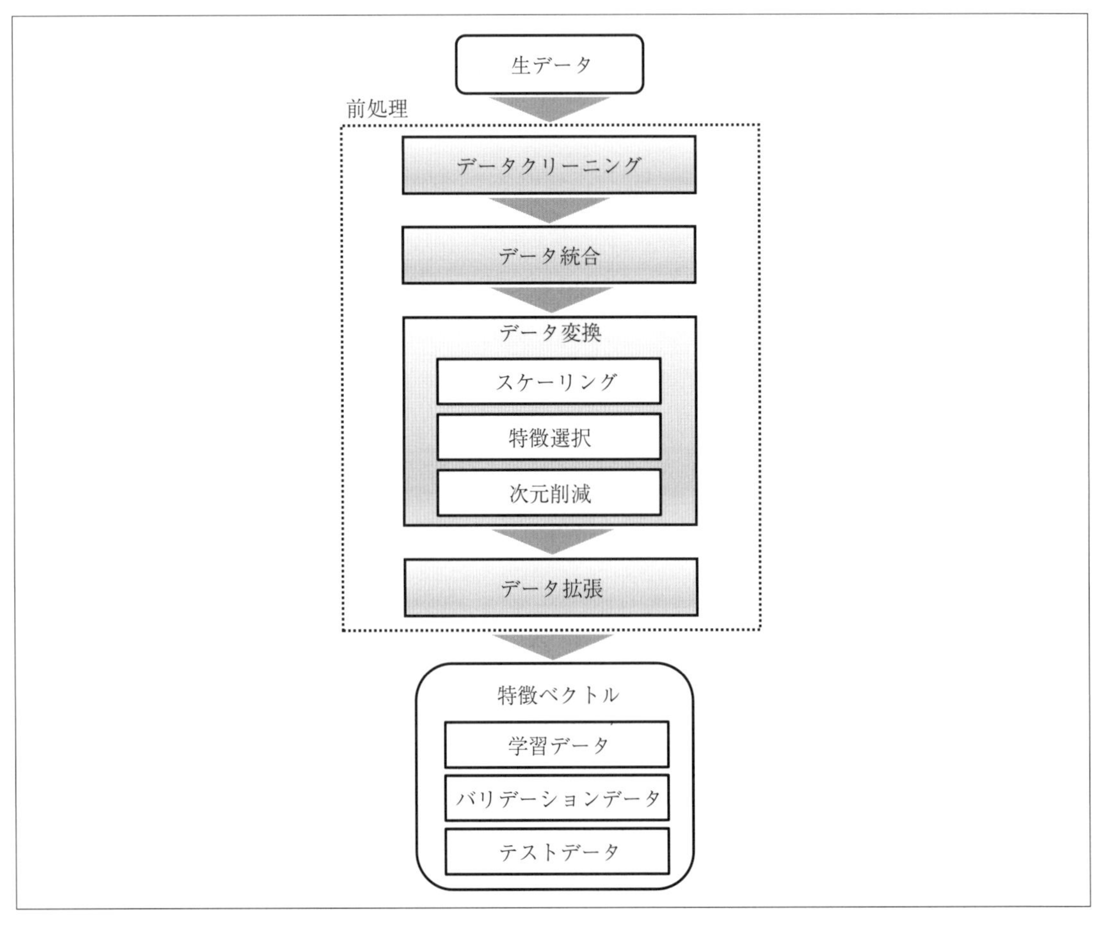

〔図 1.3〕データの前処理

1.2.3　データ統合

大量のデータを収集する場合、複数のソースからデータを収集し、その後にこれらの複数データを統合して1つのデータにすることがある。表形式データでは、必要な項目（フィールド）がすべて1つの表にまとまっているとは限らず、複数の表に分散していることもある。このような場合は、たとえば名前などの共通のフィールドをキーに、2つ以上の表を結合して1つのデータにすることなどが行われる。また、複数の機関で収集されたデータをまとめて1つのデータに集約することもデータ統合の一種である。

1.2.4　スケーリング

多次元ベクトルデータでは、各次元の値の範囲（スケール）や平均値が異なっていることがある。1次元目の値の単位がメートルで、2次元目の値の単位がマイルであるときなどがこれに該当する。機械学習では、各次元のスケールがそろっていないと、学習がなかなか進まないことがあるため、各次元の平均値を0に、標準偏差を1に変換する処理を行う。これを**標準化**（standardization）と呼ぶ。また、標準化後の値を**Zスコア**（Z-score）とよぶことがある。

標準化は各次元の平均と標準偏差をそろえるだけであり、値の上下限には制限がない。しかし、ニューラルネットワークでは、入力値の範囲が0から1までとしていることが多いため、このような場合には、値の範囲を0から1までに変換しなければならない。この処理を**正規化**（normalization）とよぶ。

1.2.5　特徴選択

パターン認識や分類のような機械学習では、一般に多くの特徴量が用いられるが、特徴量のうち、特に有効な特徴量を選択することを**特徴選択**（feature selection）という。特徴選択では、認識や分類に無関係あるいは冗長な特徴量を、なんらかの基準に従い見つけ出す。データを表現するベクトルの次元数を減らすことになり、機械学習システムが使うメモリ容量の削減、学習の高速化に寄与する。

数多くの特徴量の中から少数の有効な特徴量のみを見つけ出すことができれば、以降のデータ収集において、その有効な特徴量のみを抽出すればよいので、データ収集の効率化にもつながる。また、ある病気の候補となる因子が多数あるときに、特徴選択により、その中から特にリスクとなる因子のみを見つけることが可能となる。

1.2.6　次元削減

高次元の特徴空間を低次元の特徴空間に変換することにより、特徴量ベクトルの次元数を減らす処理を**次元削減**（dimensionality reduction）という。上で述べた特徴選択は、多くの特徴量の中から有効な特徴量のみを選択することで、特徴空間の次元数を削減する手法であるが、次元削減は特徴空間全体を変換することで次元数を削減する。特徴選択の場合と同様に、メモリ容量の削減、学習処理の高速化につながるうえ、データに含まれるノイズを低減する効果もある。

非常に多くの次元削減の手法があるが、その中でもよく知られた手法は、**主成分分析**（principal component analysis; **PCA**）と**非負値行列因子分解**（non-negative matrix factorization; **NMF**）である。これらは、線形変換により、高次元空間を近似する低次元空間を見つける手法であるが、ほかにも非線形な手法である **LLE**（locally linear embedding）やニューラルネットワーク（オートエンコーダー）に基づく手法などもある。

また、次元削減は、データの可視化にも用いられる。高次元のデータを２次元あるいは３次元空間の中に埋め込むことで、データの性質を直観的に把握するための手助けとなる。**t-SNE**（t-distributed stochastic neighbor embedding）や **UMAP**（uniform manifold approximation and projection）が有名である。

１．２．７　データ拡張

機械学習では、大量の学習データが必要となるが、手元にあるデータ数が限られているときに、人工的にデータを増やす手法が**データ拡張**（data augmentation）である。データ拡張は、画像データの場合によく使われており、元の画像に拡大・縮小、水平・垂直方向へのシフト、回転、鏡像反転などの幾何学的変換を施すことによって、新しい画像を作る。これらの操作以外にも、画像の明度を変えたり、色に若干の変化を加えたり、ノイズを付加するなどの操作を行うこともある。また最近は、深層学習に基づく **GAN**（generative adversarial networks）とよばれる画像生成手法が活発に研究開発されており、GAN を用いたデータ拡張も試みられている。

また、分類問題において、クラス間のデータ数に極端に偏りがある不均衡データの場合、データ数の少ないほうのクラスのデータを増やすことが行われる。たとえば、非常に珍しい病気を診断するために、たくさんの人たちからデータを集めることを考えてみよう。正常な人のデータは数多く集まるが、病気の人のデータはなかなか集めることができない。このような状況下では、病気か否かを正しく診断するモデルを作成することが困難になってしまう。少数派データを増やすために、SMOTE（synthetic minority oversampling technique）とよぶ手法が使われることがあるが、SMOTE もデータ拡張の一種である。

以上で、機械学習や前処理の概要について説明してきたが、次章以降で、Python のプログラムを使って、具体的な前処理の仕組みについて見ていくことにしよう。

2章

Google Colabによる実行環境

本書に掲載されている内容を実際に体験・プログラミングするには、Google Colabという環境を用いるのが手軽である。本章では、はじめにGoogle Colabの説明を行い、簡単な利用方法について述べる。次に、外部データベースの取り込み方法やGoogle Colab上での深層学習計算用ハードウェア（GPU, TPU）の利用方法などについて説明する。さらに、以降の章で頻繁に用いられているPythonライブラリについても紹介する。

2．1　Google Colab とは

Google Colab は、正式名称を **Google Colaboratory** といい、ブラウザ上で Python コードを記述し、実行結果を得ることができる環境を提供する。Google Colab を利用することにより、煩雑な機械学習環境の構築をユーザ自身で行う必要がなくなり、さらには GPU や TPU が搭載された高性能な環境を容易に利用することができるようになる。また、これらの環境は無料で利用することができるうえに、この環境で構築し得られた結果を簡単に共有することができるという特徴がある。以上のことから、Google Colab は、機械学習や深層学習を始めるのに適している。

Google Colab 上で提供されている仮想環境のスペックを表 2.1 に示す。表からわかるように、無料で利用可能であるにもかかわらず、かなり高いスペックの構成となっている。なお、ユーザに対して割り当てられる環境は、接続時にランダムに決められるため、ときには非力な環境が割り当てられる場合もある。利用前には割り当てられた環境を確認するとよい。

Google Colab は無料で利用できるが、サーバ上でのタスク実行時間には制限がある。新しいインスタンスを起動し、接続を開始してから連続で使用できる時間は 12 時間に制限されており、12 時間を過ぎると実行中のタスクがあってもインスタンスが切断・初期化されてしまう。また、しばらく操作をしないとブラウザとサーバとの接続が切れ、そこから 90 分経過した場合も、インスタンスが初期化されてしまう。

Google Colab の有料版サービスである Colab Pro を利用することで、上記の制限をなくすことができる。Colab Pro の特徴としては、時間制限なくタスクを実行することができ、メモリ容量も通常の仮想環境の倍程度利用可能である。本書執筆の時点では、月額 9.99 ドルで利用可能である。

Google Colab 以外で、Google が提供する類似のサービスとしては Cloud AI Platform Notebooks があるが、こちらは有料利用のみのサービスとなっている。しかし、その分、利用時間の制限がなく、サーバのマシン構成がカスタマイズ可能、GPU が選択可 (Nvidia K80, T4, P4, P100)、Python と R に対応しているなどの利点がある。

2．1．1　Google アカウントの取得

Google Colab の利用には、Google アカウントが必要である。無料で取得することができ、登

〔表 2.1〕仮想環境のマシンスペック例

種類	内容
CPU	Intel(R) Xeon(R) CPU @ 2.30GHz
ストレージ	50GB ～ 350GB（割当量はランダム）
RAM	12GB
GPU	Tesla K80, Tesla P100-PCIe, Tesla T4
GPU RAM	500MB ～ 16GB（ランダム）
OS	Ubuntu 18.04.5 LTS

録は以下の URL から行う。

```
https://accounts.google.com/signup
```

URL にアクセスすると図 2.1 のような画面が表示されるので、必要事項を入力していけば、簡単にアカウントを取得することができる。

2.1.2　Google Colab へのアクセス方法

Google Colab は、ブラウザから以下の URL へアクセスすることで利用できる。

```
https://colab.research.google.com/
```

Google にログインした状態で上記 URL にアクセスすると、図 2.2 の画面が表示される。URL にアクセスし、Google Colab を開くと、最初は「Colaboratory へようこそ」というファイルが 1 つだけ用意されている。このファイルには、Google Colab の簡単な説明が記載されており、ファイルの末尾には、より詳細な使用方法や機械学習例などが紹介されたページへのリンクがある。これらを実際に動作させて体験しながら使い方を学ぶことが可能となっている。

2.2　Google Colab の使い方

Google Colab は、**Jupyter Notebook**（IPython Notebook）を参考に構築されており、外観や動

〔図 2.1〕Google アカウントの作成

〔図 2.2〕Google Colab の初期ページ

作方法などが Jupyter Notebook とよく似ている。なお、Jupyter Notebook は、Jupyter Notebook ドキュメントを作成するための Web ベースの対話的な計算環境である。マークダウン形式でのテキスト記述と、Python によるコードを記述でき、コードの実行結果もドキュメントに表示させることが可能である。

Google Colab と Jupyter Notebook とでは、異なる点がいくつかあるため、Jupyter Notebook に慣れたユーザの場合には、使いづらい場面が多い。特に、キーボードショートカットの違いが、操作性に大きくかかわってくる。Jupyter Notebook の場合には、コマンドモードと編集モードが分かれており、コマンドモード時のみセルの編集などが可能である。しかし Google Colab では、モードが分かれていないため、コマンドモードのショートカットキーの前に「Ctrl/Command+M」がついている場合が多い。以下では、画面構成とその使い方、操作方法などを説明する。

2．2．1　画面構成と各部の名称

Google Colab の画面構成を図 2.3 に示す。「画面構成と各部の名称 .ipynb」がこの Notebook のファイル名であり、その内容が画面に表示されている。入力されたプログラムは、接続された**ランタイム**（仮想マシン）上で実行される。

＋コード　＋テキスト：

クリックすることで、セルを追加することができる。

RAM　ディスク：

現在接続されているランタイムの使用状況がグラフで表示されている。

セル：

テキストやコードが記述されたエリアをセルとよぶ。セルには、**テキストセル**と**コードセル**の 2 種類がある。

サイドバー：

「目次、コードスニペット、ファイル」を選択して表示することができる（図 2.4）。それぞれ、機械学習の準備・実験をする際には役立つので、活用するとよい。

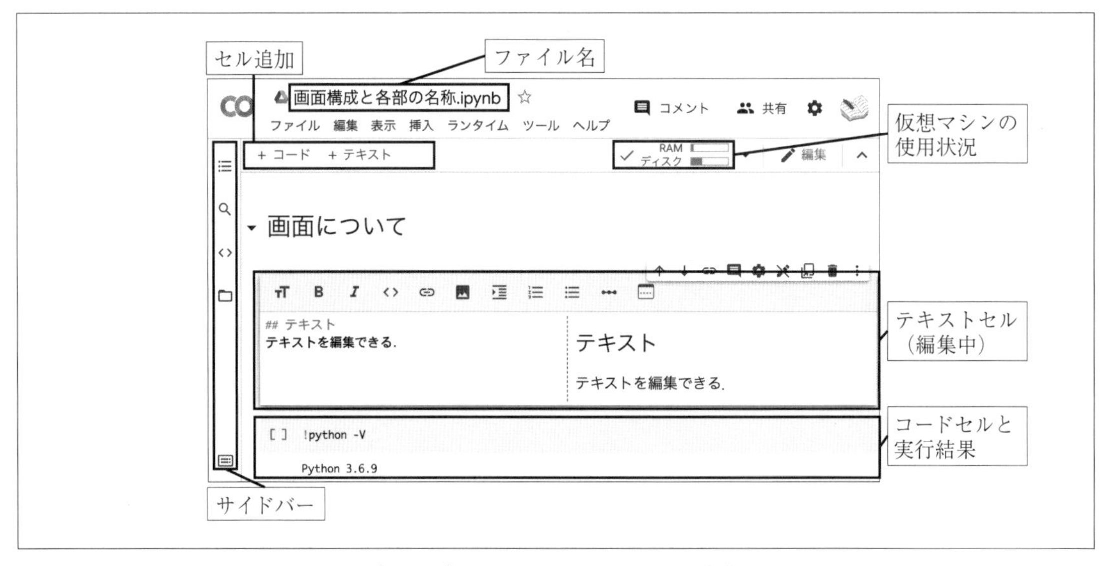

〔図 2.3〕Google Colab の画面構成

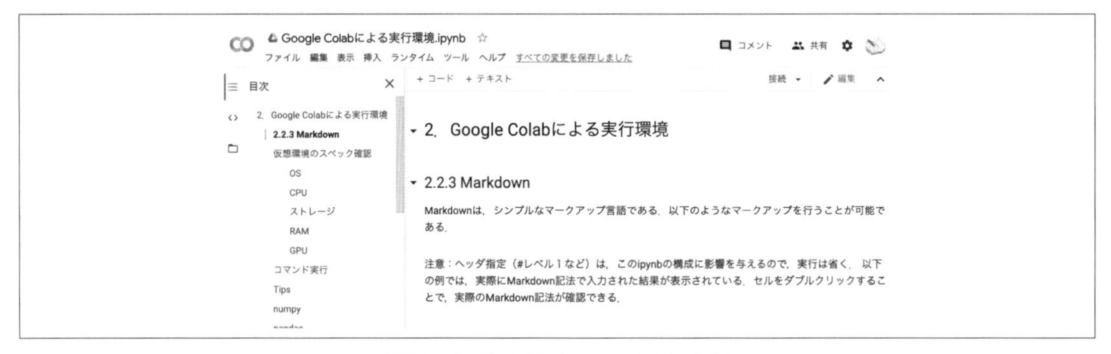

〔図 2.4〕サイドバーでの目次表示

2.2.2　初期設定

メニューの［ツール］→［設定］、もしくは画面右上の歯車アイコンを選択すると、各種設定が変更できる（図 2.5）。

サイト：

テーマは3種類あり、light（白背景、黒文字）、dark（黒背景、白文字）、adaptive（ブラウザの設定に従う）から選択することができる。

エディタ：

エディタのキーバインディングの項目では、各種ショートカットキーを変更することができる。「default/classic」はGoogle Colab標準のセットであり、「vim」はテキストエディタVimのキーバインディングを採用したセットである。エディタ用の設定項目には、他にもフォント、

〔図 2.5〕初期設定画面

インデント幅、縦の罫線列、行番号表示などが用意されている。

2．2．3　セルの操作

Google Colab 上では、セルの追加と編集が主な作業となる。以下では、セルの操作方法について説明する。

セルの追加：

コードセル、テキストセルを追加する場合には、図 2.3 の画面左上にある「+ コード」「+ テキスト」をクリックするか、追加したい部分にマウスを合わせると出現する「+ コード」「+ テキスト」ボタンを押す。セルの編集を開始する場合には、セルをダブルクリックするか、フォーカスを合わせて Enter キーを押す。

テキストセル編集：

テキストセルは、マークダウン記法を用いて記述することができる。マークダウン記法については、2.2.4 節で説明する。ヘッダタグ（#）を使って記述することで、セクションごとに表示、折りたたみなどができるようになる。

コードセル編集・実行：

コードセルでは、Python プログラム、または Unix コマンドを記述する。実行結果は同セルの下部に出力される。コマンドの実行方法については、2.2.5 節で説明する。コードセルを実行するためには、再生ボタン（▷）を押す、もしくはコードセルを選択した状態で「Ctrl+Enter」（Mac では「Command+Return」）を押せばよい。再実行されるまでは、結果が保存され、ブラウザを閉じて再び開いても同じ結果が表示される。

セルの削除・入れ替えなど：

各セルを選択し、右上に表示されたアイコンにて、入れ替え（↑、↓）、削除（ゴミ箱アイコン）が可能である。キーボードでは、Ctrl/Command を押したままキーを押すことで、表 2.2 に示す各種操作が可能である。

2.2.4　マークダウン

マークダウンは、シンプルなマークアップ言語である。 テキストの視認性を大きく変えることなく、マークアップできる点が特徴である。たとえば、見出しにあたるヘッダタグは、行頭に # を複数個つけることで実現でき、表示は図 2.6 のようになる。

```
<h1> レベル 1</h1>          : # レベル 1
<h5> レベル 5</h5>          : ##### レベル 5
```

〔表 2.2〕セル操作のショートカットキー

操作	ショートカットキー
セルの移動（上）	Ctrl/Command M → K
セルの移動（下）	Ctrl/Command M → J
セルの削除	Ctrl/Command M → D
もとに戻す（Undo）	Ctrl/Command M → Z

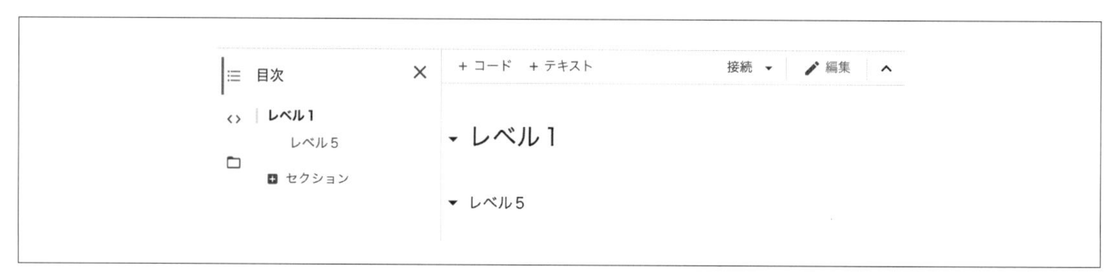

〔図 2.6〕ヘッダ表示

そのほかにも、以下のようなマークアップを行うことが可能である。

```
ボールド          : ** ボールド **
イタリック        : * イタリック * or _ イタリック _
打ち消し線        : ~~ 打ち消し線 ~~
1 行コード        : `1 行コード `
インデント        : > 多段は繰り返す >>>
リスト            : * or -

リンク            : [ テキスト ] (URL)
```

```
画像　　　　　　:![代替テキスト](画像URL).

数式　　　　　　:$y = 0.1 x$

線　　　　　　　:---, ___, or ***

表　　　　　　　:第1列の名前 | 第2列の名前
　　　　　　　　 --- | ---
　　　　　　　　 1行、1列 | 1行、2列
　　　　　　　　 2行、1列 | 2行、2列
```

注意点として、テキストセルにヘッダを入力する際には、レベルごとにテキストセルを分けること。これが守られていないと、セクションやサブセクションの情報が正しく認識されず、レベルごとに内容を折り畳むことができなくなる。また、目次の表示にも正しくセクションが表示されない。図2.7では、セクション1が、テキストセルを分け、正しく入力した例であり、セクション2は、テキストセルを分けずに入力した例を示している。セクション2の中のサブセクション、サブサブセクションでは、それぞれフォントサイズは正しく表示されているが、目次部分を確認すると、セクション2のサブセクションの入れ子などの情報が正しく認識されていないことがわかる。

2.2.5　コマンド実行

ランタイム上で直接Linux/Ubuntuコマンドを動作させたい場合には、半角感嘆符(!)の後に、

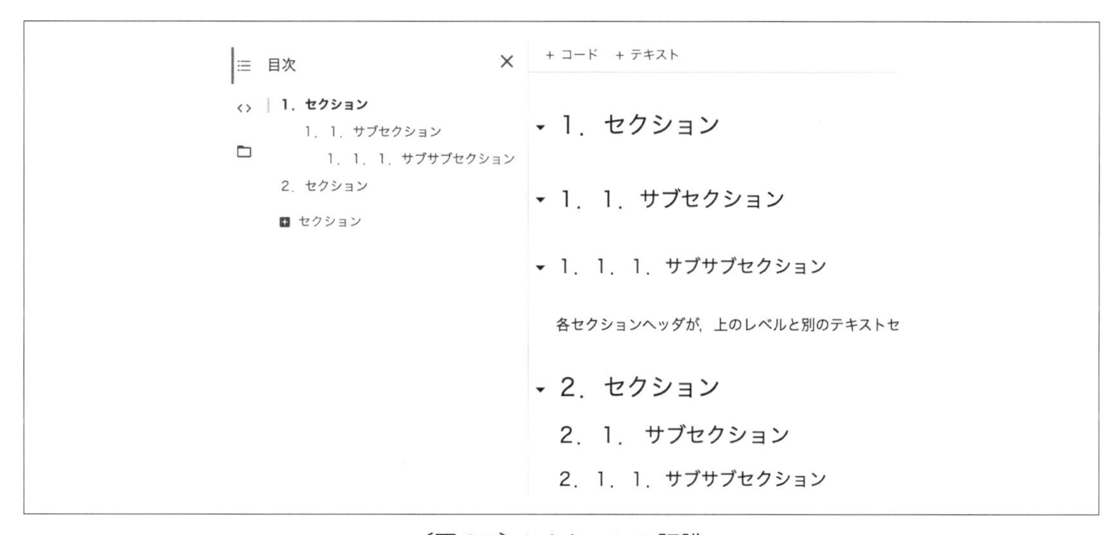

〔図2.7〕セクションの認識

コマンドを入力する。プログラム2.1のように入力し実行（再生ボタンをクリック、または Shift+Enter）すると、図2.8のように、このコマンドがランタイム上で実行された結果が表示される。

プログラム2.1

```
!python -V
```

2.2.6　仮想環境のスペック

ここでは、Google Colabで接続されるランタイムのスペックを確認する。Google Colabのコードセルにコマンドを入力して実行することで、ランタイム内のハードウェアの性能を調べることができる。スペックについては、表2.1にて紹介した通りである。プログラム2.2に示す内容は、Google Colab利用の練習のために行う項目であるため、簡単なコマンドに留めるが、より詳細なハードウェア情報が必要な場合には、各種Ubuntuコマンドが利用可能である。

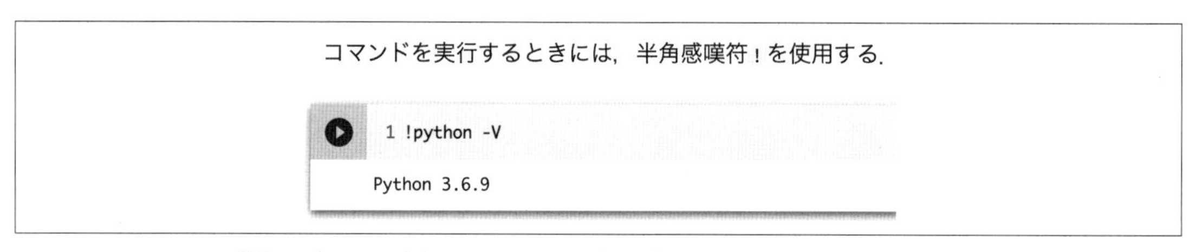

〔図2.8〕サーバ上でのコマンド実行（Pythonのバージョン確認）

プログラム2.2

```
# CPU
!cat /proc/cpuinfo

# ストレージ
!df -h

# RAM
!free -h

# GPU
!nvidia-smi

# OS
!cat /etc/issue
```

注意点として、GPUのスペックを表示する場合には、Google Colab上でGPU利用設定を

ONにする必要がある。Google Colab画面のメニューにある［編集］→［ノートブックの設定］もしくは［ランタイム］→［ランタイムのタイプを変更］を選択し､「ハードウェアアクセラレータ」をGPUとすることで、GPUを利用することができる。GPU利用方法の詳細は2.4節に示す。

2.2.7　フォーム

フォームは、Google Colab上で実行するプログラムに与える入力をインタラクティブに設定できるインタフェースである。プログラム2.3のようにフォームのタイトルや入力項目、入力方法について設定することができ、プログラム上にこの記述があると、Google Colab上では図2.9のようなフォームが表示される。フォームへの入力形式にはこのほかにも、日付形式、数値スライドバー、チェックボックスなどが用意されている。

プログラム2.3

```
#@title フォームのタイトル

text = '初期表示テキスト' #@param {type:"string"}
dropdown = '1' #@param ["1", "2", "3"]
opt = '書換可' #@param ["1", "2", "3"] {allow-input: true}
```

2.2.8　各種ライブラリの活用

Google Colabには、Pythonを用いてデータ分析を行う際によく用いられるライブラリが初めから導入されている。これらのライブラリを用いて､簡単にCSVデータの読み込みや数値計算､計算結果のグラフ表示などを行うことができる（図2.10）。導入済みのモジュールの中から、特にデータ分析、機械学習で利用され、本書でもよく用いられるモジュールについては、2.6節で紹介する。

2.2.9　代表的な行動のショートカットキー

［ツール］→［キーボードショートカット］、もしくはCtrl/Command（を押したまま）+M → H

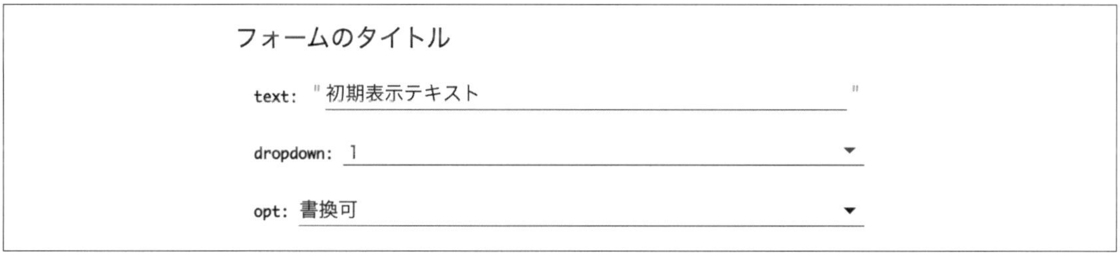

フォームのタイトル

text: "初期表示テキスト"

dropdown: 1 ▼

opt: 書換可 ▼

〔図2.9〕テキスト入力とプルダウンメニューを含むフォームの例

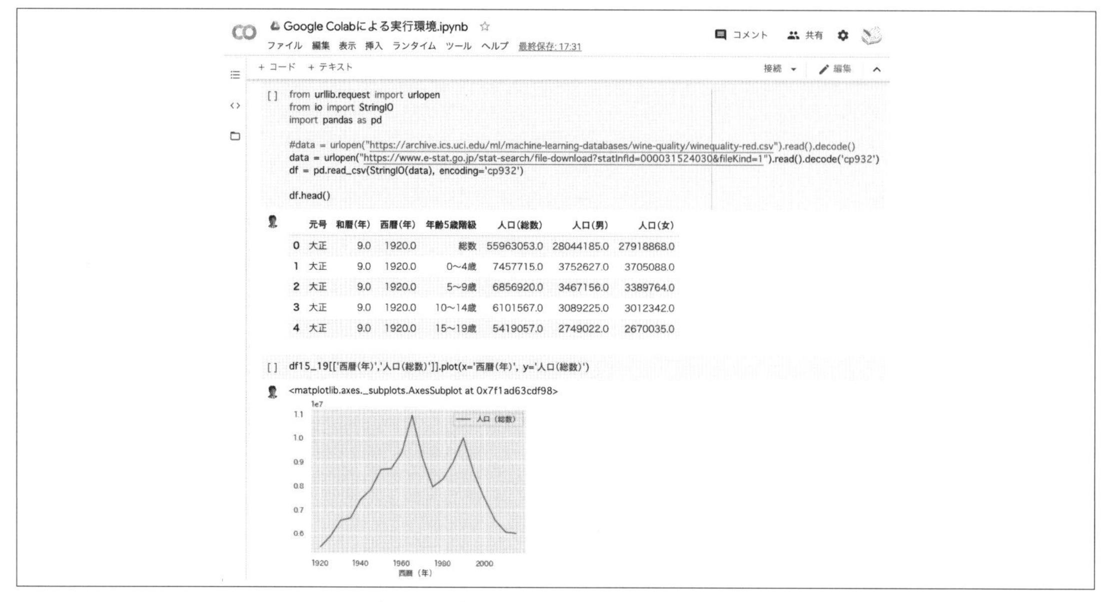

〔図 2.10〕各種ライブラリの活用例

で、キーボードショートカットの一覧を確認することができる（表 2.3）。また、この画面で、キーボードショートカットの設定変更が可能である。まとめてショートカット方式を変更したい場合には、Google Colab の設定（歯車アイコン→エディタ、エディタのキーバインディング）から、キーバインディングのセットを変更することができる。選択できるのは default/classic 設定か、vim 設定（テキストエディタ Vim のショートカットキーを採用する）である。どちらの設定セットであっても、ショートカットキーが割り当てられていない機能もたくさんあり、設定画面からこれらの機能にもショートカットキーを設定することができる。

2.2.10　コマンドパレット

コマンドパレットは、近年利用されているテキストエディタには標準的に実装されている機能であるが、Google Colab にも用意されている。コマンドパレットからは、Google Colab が持つ機能の実行や、設定の切り替えなどを行うことができる。

コマンドパレットは、[ツール] → [コマンドパレット]、もしくは Ctrl/Commamd+Shift+P で開くことができる。図 2.11 では、コマンドパレットを呼び出し、「コード」と入力した例である。何もせずにコマンドパレットを閉じたい場合には、ESC を押す。

2.3　ストレージ・データベースとの接続

機械学習を行う際には、その元となるデータを用意し、Google Colab 上のプログラムに読み

〔表 2.3〕代表的なショートカットキー

ショートカットキー	内容
Ctrl/Command + H	グローバル検索 / 置換
Ctrl/Command + Shift + P	コマンドパレットを表示
Ctrl/Command + Enter	セルを実行
Alt + Enter	セルを実行して新しいセルを挿入
Shift + Enter	セルを実行して次のセルを選択
Ctrl/Command + S	ノートブックを保存
Ctrl/Command + F8	現在より前のセルを実行
Ctrl/Command + F9	ノートブック内のすべてのセルを実行
Ctrl/Command + F10	現在とそれ以降のすべてのセルを実行
Ctrl/Command + M → .	ランタイムを再起動
Ctrl/Command + M → D	現在のセルを削除
Ctrl/Command + M → A	現在のセルの上にコードセルを挿入
Ctrl/Command + M → B	現在のセルの下にコードセルを挿入
Ctrl/Command + M → K	現在のセルを上に移動
Ctrl/Command + M → J	現在のセルを下に移動
Ctrl/Command + M → P	前のセルに移動
Ctrl/Command + M → N	次のセルに移動
Ctrl/Command + M → L	コード内に行番号表示
ESC	現在のセルの選択を解除

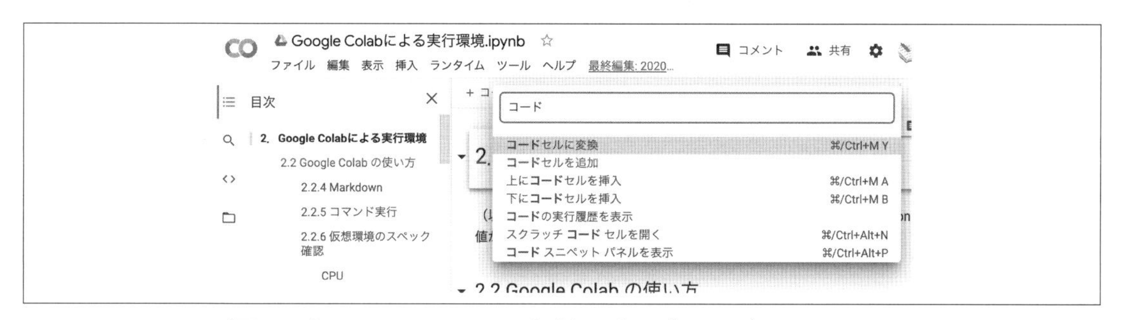

〔図 2.11〕コマンドパレット呼び出し後に「コード」と入力した例

込ませる必要がある。データが存在する場所に応じて、Google Colab との接続方法が異なる。以下に、代表的なデータ保存場所と、Google Colab との接続方法を紹介する。

2.3.1　ローカルファイルシステム

利用者のローカル環境（PC など）にデータがある場合には、そのデータを Google Colab へアップロードして用いる。プログラム 2.4 に示すように、Google Colab のコードセル内で files.upload() を実行すると、コードセルの下にファイル選択画面が表示される。図 2.12 の例では、3 つの txt ファイルがアップロードされている。アップロードされたファイルは、ランタイム上の /content 内に保存される。

プログラム 2.4

```
from google.colab import files

uploaded = files.upload()
```

ファイルのアップロードが完了すると、upload() 関数は、アップロードされたファイルの情報を辞書型にして返す。辞書のキーはファイル名になり、値はファイルのデータそのものである。

プログラム 2.5 に示すように、files.download() を実行すると、ファイルをローカル PC にダウンロードできる。図 2.13 の例では、test04.txt というファイルを作成し、1 行のテキストを書き込んだ後、そのファイルをローカル PC にダウンロードしている。実際に動作させると、最後にファイル保存ウィンドウが開き、保存先やファイル名を選択することができる。

プログラム 2.5

```
from google.colab import files

with open('test04.txt', 'w') as f:
  f.write(' ファイルの内容 (ダミーテキスト) ')

files.download('test04.txt')
```

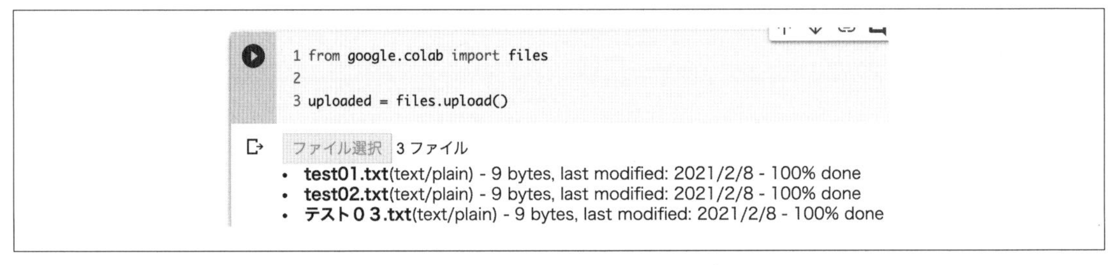

〔図 2.12〕ローカルファイルのアップロード

```
1 from google.colab import files
2
3 with open('test04.txt', 'w') as f:
4   f.write('ファイルの内容(ダミーテキスト)')
5
6 files.download('test04.txt')

Downloading "test04.txt":
```

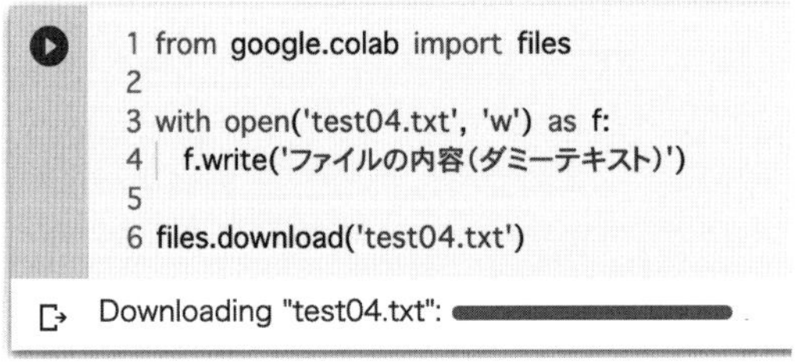

〔図 2.13〕ファイルのローカル PC へのダウンロード

2．3．2　Google Drive

Google Drive 上のファイルにアクセスする方法は、以下のように複数ある。

(a) ランタイム上で Google Drive をマウント

(b) API のラッパーを使用（PyDrive など）

(c) ネイティブ REST API を使用

ここでは、(a) の「ランタイムの仮想マシンで Google Drive をマウントする方法」を紹介する。まず、プログラム 2.6 のように Google Drive との連携を行うモジュール drive をインポートし、Google Drive をマウントする。マウント操作は、サーバに接続するごとに再度やり直す必要がある。

プログラム 2.6

```
from google.colab import drive
drive.mount('/content/drive')
```

仮想ホストを起動・接続後、Google Drive に接続する際には、図 2.14 に示すように、認証コードを入力する必要がある。表示されている URL から進んでいくと、認証コードが表示された画面に移るので、認証コードをコピーし、図 2.14 の下部のテキストボックスにペーストすれば、接続が完了する。

図 2.14 の例の場合には、/content/drive に Google Drive をマウントしているので、サイドバーの「ファイル」を表示することで、グラフィカルにファイルを確認することが可能である（図 2.15）。

また、Google Drive のマウント方法としては、図 2.15 の「ドライブをマウント」アイコンを選択することでも、Google Drive をマウントするコードセルが挿入され、このコードを実行することでドライブをマウントすることができる。

2．3．3　外部（Web 上）のデータ

ユーザが管理するサーバ上のデータや、一般に公開されているデータを Google Colab に読

〔図 2.14〕Google Drive との接続時の認証コード入力画面

み込む方法を紹介する。プログラム 2.7 では、urlopen() 関数を用いて、指定 URL にあるデータにアクセスしている。ここでは、国勢調査の結果の CSV[1] を読み込んでいる。その後、read() でデータを読み込んだ後、decode() で文字コードを指定してデコードしている。MS932 は、Shift_JIS の Windows（MS-DOS）拡張版のことである。ここで、読み込んだデータは CSV 形式のデータであり、これを pandas ライブラリ（2.6.2 節で詳述）の read_csv() によって DataFrame として読み込んでいる。最後の df.head() によって、df 内のデータの最初の数行を表示している（図 2.16）。

〔図 2.15〕サイドバーによる Google Drive フォルダ表示と「ドライブをマウント」アイコン

プログラム 2.7

```
from urllib.request import urlopen
from io import StringIO
import pandas as pd

# Web上のデータを読み込む
data = urlopen("https://www.e-stat.go.jp/stat-search/file-download?statInfId=000031524
030&fileKind=1").read().decode('MS932')
df = pd.read_csv(StringIO(data), encoding='MS932')

# DataFrameの先頭5行分を表示する
df.head()
```

[1] e-Stat（独立行政法人統計センター）：国勢調査／時系列データ／ CSV 形式による主要時系列データ（政府統計コード 00200521）

	元号	和暦（年）	西暦（年）	年齢5歳階級	人口
0	大正	9.0	1920.0	総数	5596
1	大正	9.0	1920.0	0〜4歳	745
2	大正	9.0	1920.0	5〜9歳	685
3	大正	9.0	1920.0	10〜14歳	610
4	大正	9.0	1920.0	15〜19歳	541

〔図 2.16〕外部データ（CSV）の直接読み込み

2．3．4　Kaggle

Kaggle は、クラウドソーシングによるデータ分析、統計、予測モデリングなどを行うプラットフォームであり、運営会社である Kaggle 社は、2017 年からは Google 傘下の会社となっている。Kaggle には、10 万人以上のデータサイエンティストが登録しており、Kaggle 上で公開された各種データを用いて最適なモデルの構築を競い合っている。Kaggle では、約 5 万件のデータベースと、約 40 万件の Notebooks が公開されている。

ここでは、Kaggle のデータベースへ Google Colab からアクセスする方法を紹介する。なお、Kaggle の URL は以下である。

```
https://www.kaggle.com/
```

1．Kaggle のアカウント登録

トップページの右上「Register」から登録を行う。登録には、email アドレスを利用する方法と、Google アカウントを利用する方法がある。ユーザの名前とプロフィール URL を登録する必要があるが、名前が日本語の場合には、URL として利用できないため、登録プロセスが次に進まない。その場合には、URL 横の「edit」を押して、アルファベットで URL を入力する。

2．kaggle.json の入手

Kaggle のマイアカウントページ（ページ右上の自分のアイコンを選択）から、API 欄の「Create New API Token」を選択し、kaggle.json をダウンロードする（図 2.17）。

3．kaggle.json の Google Colab へのアップロードと設定

ダウンロードした kaggle.json ファイルを、Google Colab にアップロードする必要がある。まず、プログラム 2.8 のように Google Colab 上でコードセルを追加し、以下のコードを入力し、実行する。

プログラム 2.8

```
from google.colab import files
files.upload()
```

上記を実行すると、出力部分に「ファイル選択」ボタンが表示されるので、このボタンを押し、ファイル（kaggle.json）を選択しアップロードする（図 2.18）。

アップロードが完了したら、プログラム 2.9 のコマンドを用いて設定保存用の隠しディレクトリを作成し、kaggle.json をそこに移動する。

プログラム 2.9

```
!mkdir -p ~/.kaggle
!mv kaggle.json ~/.kaggle/
```

最後に、プログラム 2.10 のコマンドを用いてファイルのパーミションを変更する。

プログラム 2.10

```
!chmod 600 ~/.kaggle/kaggle.json
```

API
Using Kaggle's beta API, you can interact with Competitions and Datasets to download data, make submissions, and more via the command line. Read the docs
Create New API Token
Expire API Token

〔図 2.17〕マイアカウントページ内の API 欄

1 from google.colab import files
2 files.upload()
ファイル選択
選択されていません
Cancel upload

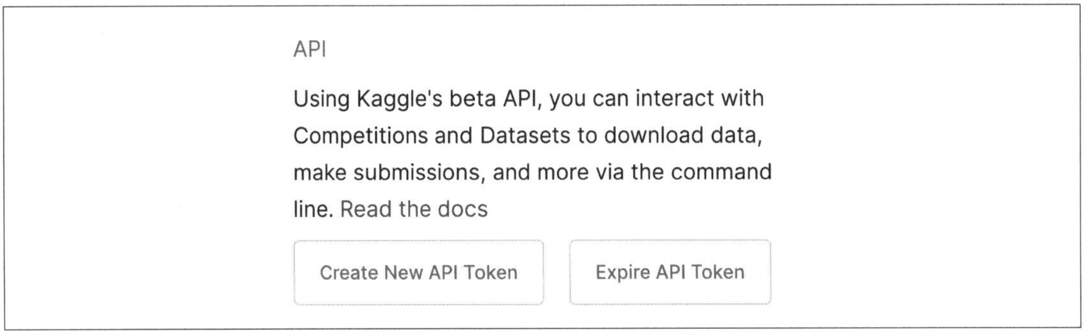

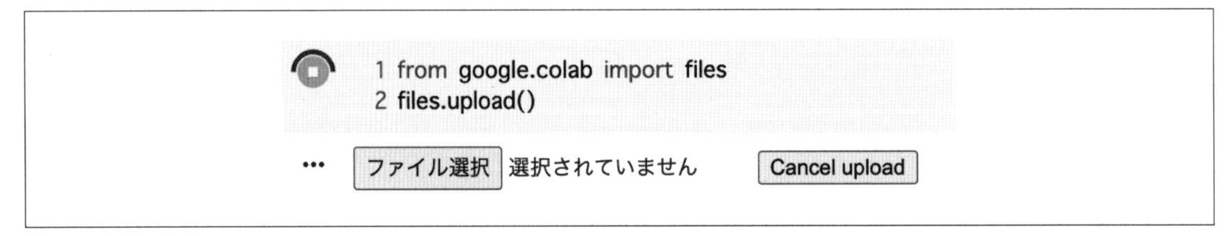

〔図 2.18〕ファイル選択ボタン

4. API インストール（標準で Colab に導入済み）

Kaggle は、標準で Google Colab のランタイム上に API がインストールされているため、格別のインストール処理は不要である。もし、再度インストールする場合や、バージョンを上げる場合には、プログラム 2.11 に示す pip コマンドを用いてランタイムにインストールする。

プログラム 2.11

```
!pip install kaggle
```

5. 動作確認

Kaggle の動作確認のために、プログラム 2.12 のコマンドを実行する。図 2.19 に示すようにデータセットのリストが表示されれば、Kaggle は問題なくインストールできている。

プログラム 2.12

```
!kaggle datasets list
```

6. 利用時の準備方法（ランタイムに接続して最初に実行）

再起動した場合など、新たなランタイムに接続した場合、Kaggle を利用するためには、準備項目 3 で紹介した「kaggle.json の Google Colab へのアップロードと設定」を毎回行う必要がある。

7. Kaggle 上のデータのダウンロードと読み込み

Kaggle から Google Colab へのデータのダウンロードは、プログラム 2.13 のコマンドによって行う。

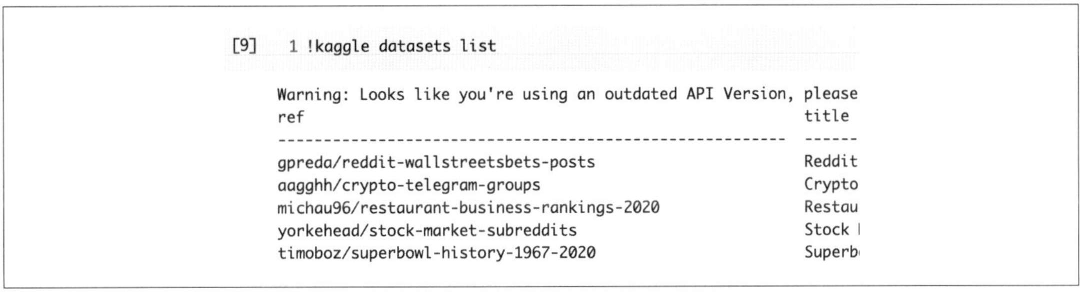

```
[9]   1 !kaggle datasets list

    Warning: Looks like you're using an outdated API Version, please
    ref                                                       title
    --------------------------------------------------------  ------
    gpreda/reddit-wallstreetsbets-posts                       Reddit
    aagghh/crypto-telegram-groups                             Crypto
    michau96/restaurant-business-rankings-2020                Restau
    yorkehead/stock-market-subreddits                         Stock
    timoboz/superbowl-history-1967-2020                       Superb
```

〔図 2.19〕Kaggle の動作確認

プログラム 2.13

```
# データセットの場合
!kaggle datasets download -d [データベース名]

# コンペティションの場合
!kaggle competitions download -c [コンペティション名]
```

例として、プログラム 2.14 のコマンドを用いて digit-recognizer をダウンロードしてみる。

プログラム 2.14

```
!kaggle competitions download -c digit-recognizer
```

ダウンロードしたデータは zip ファイルとなっているので、プログラム 2.15 に示すように unzip コマンドを用いて展開する必要がある。展開後のファイルは CSV ファイルとなっており、これを Google Colab で読み込んで分析やモデルの学習を行う。

プログラム 2.15

```
# データを展開し、digit-recognizer というディレクトリに入れる
!unzip train.csv.zip -d digit-recognizer
!unzip test.csv.zip -d digit-recognizer
```

補足として、digit-recognizer にはファイルがもう 1 つ含まれている（sample_submission.csv）。このファイルも、プログラム 2.16 のようにして digit-recognizer ディレクトリに移すと、ファイル構成がきれいになる。また、以下では、ダウンロードした zip ファイルも削除している。ここまで実行すると、図 2.20 のサイドバーのファイルの内容が示しているように、CSV ファイルが準備できる。

プログラム 2.16

```
!mv sample_submission.csv ./digit-recognizer/.
!rm train.csv.zip test.csv.zip
```

Kaggle API の使い方については、-h オプションを用いることで参照することができる。サブコマンドの使い方についても、プログラム 2.17 に示すように、サブコマンド指定後に -h オプションを用いることで参照可能である。

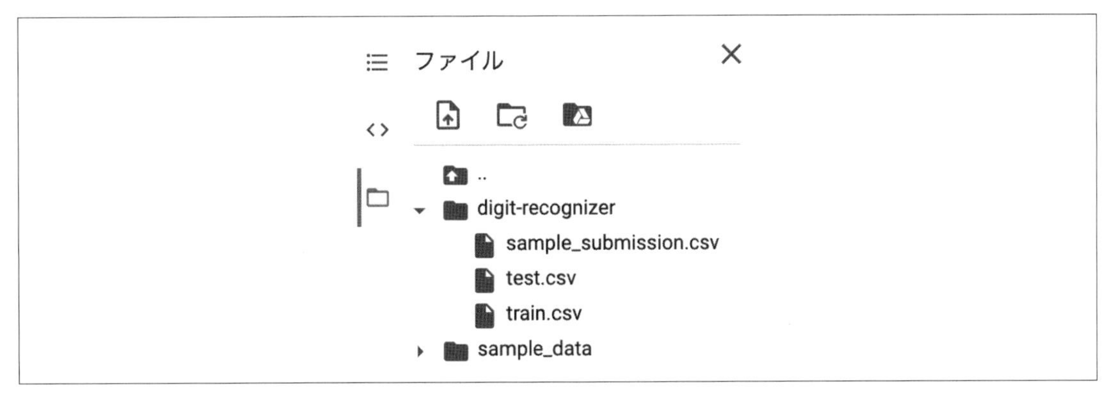

〔図 2.20〕ダウンロードしたファイルの様子

プログラム 2.17

```
# 各段階のヘルプ表示ができる
!kaggle -h
!kaggle competitions -h
!kaggle competitions download -h
```

2.4　GPU と TPU の利用

本節では、深層学習モデルの構築において必須となる GPU や TPU の利用方法を説明する。

2.4.1　GPU と TPU

GPU（Graphics Processing Unit）は、3DCG を駆使したコンピュータゲームなどで利用されるリアルタイム画像処理に特化した演算処理装置である。また、GPU は CPU に比べて並列演算性能が高く、この特性を画像処理用ではなく、一般的な計算に利用する **GPGPU**（General-Purpose computing on Graphics Processing Units）技術が近年盛んに開発・利用されている。

また、**TPU**（Tensor Processing Unit）は、Google が機械学習に特化して開発した集積回路である。GPU に比べて計算時の数値精度を下げることで、計算の電力効率性を上げている。また、グラフィック処理に必要なハードウェアも省かれている。

深層学習によるモデル構築の際には GPU の利用が必須であるが、GPU を用いた高性能な計算環境の構築は一般に高額であり（GPU のみで 10 万円～数百万円）、インストール作業も煩雑である。Google Colab では、GPU が利用できるランタイム環境が無料で提供されており、上記の問題が解決されている。しかし、Google Colab は、利用時間などの制限があるため、より高度な実験・研究を行う場合には、適宜有料版に移行するなどの対応が必要である。

2．4．2　GPUの利用

GPUを利用するためには、Notebookの設定を変更する。[編集] → [ノートブックの設定] もしくは、[ランタイム] → [ランタイムのタイプを変更] を選択し、「ハードウェアアクセラレータ」をGPUとすることで、GPUを利用することができる（図2.21）。その後、GPUが動作しているか否かは、プログラム2.18のnvidia-smiコマンドを用いて確認できる。

プログラム2.18

```
!nvidia-smi
```

上記コマンドにより、GPUの状態やCUDAのバージョンなどを調べることができる。たとえば図2.22の表示内容から、割り当てられたGPUはTesla T4であり、GPUメモリは15,079 MBであることや、CUDAバージョンは10.1であることなどがわかる。

なお、Google Colab上でのGPUのメモリ割り当て（容量）については注意が必要である。Google Colabへ接続した際の混み具合や、これまでのランタイムの利用頻度などによって、割り当てられるメモリ量に差が生じる。時には、メモリ容量が500MB程度になる場合もあるため、GPUを用いた実験を行う前には、必ずGPUメモリの容量を確認する必要がある。

2．4．3　TPUの利用

TPUを利用するためには、GPUの利用時と同様に、Notebookの設定を変更する。[編集] → [ノートブックの設定] もしくは、[ランタイム] → [ランタイムのタイプを変更] を選択し、「ハードウェアアクセラレータ」をTPUとすることで、TPUを利用することができる。

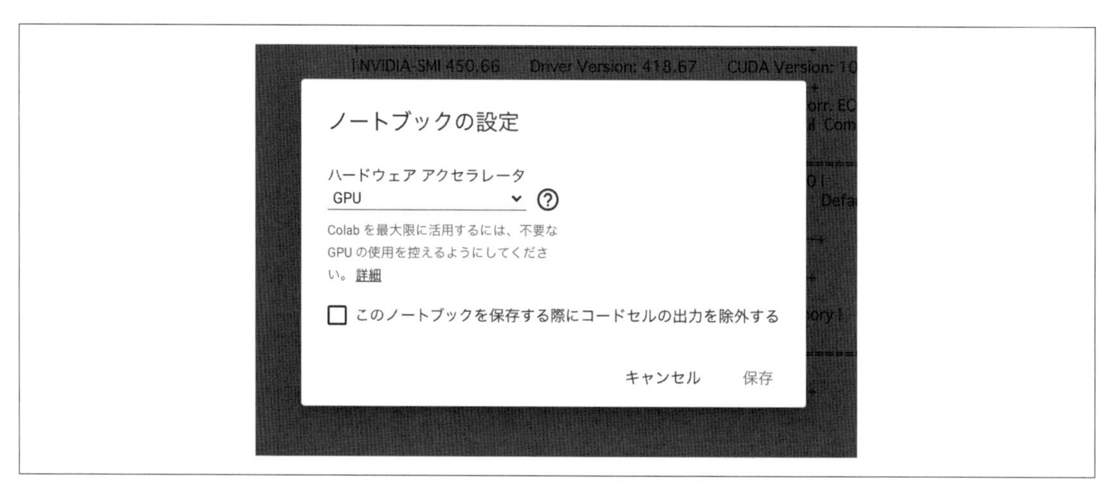

〔図2.21〕GPUの利用設定

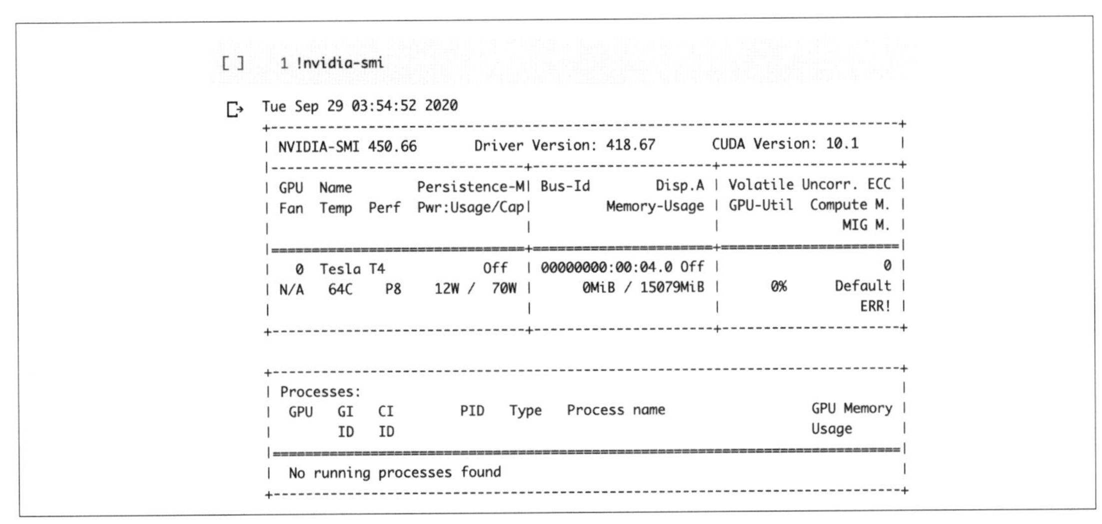

〔図 2.22〕GPU の割当・動作確認（nvidia-smi）

プログラム 2.19

```
# TPU との接続 (TensorFlow) と TensorFlow のバージョン確認
%tensorflow_version 2.x
import tensorflow as tf
print("Tensorflow version " + tf.__version__)

# TPU 関連のエラー出力抑制
import logging                                   ①
tf.get_logger().setLevel(logging.ERROR)

try:
  # TPU 検出
  tpu = tf.distribute.cluster_resolver.TPUClusterResolver()
  print('TPU 起動 ', tpu.cluster_spec().as_dict()['worker'])   ②

except ValueError:
  raise BaseException('ERROR: TPU 接続エラー ')

# TPU 接続と初期化
tf.config.experimental_connect_to_cluster(tpu)
tf.tpu.experimental.initialize_tpu_system(tpu)   ③
tpu_strategy = tf.distribute.TPUStrategy(tpu)
```

以下、プログラム 2.19 の重要箇所について説明する。

① TPU 関連のエラー出力の抑制

Google Colab 上の TensorFlow にて TPU を使用すると、図 2.23 に示すように、INFO メッセ

```
Tensorflow version 2.3.0
Running on TPU  ['10.69.59.106:8470']
WARNING:tensorflow:TPU system grpc://10.69.59.106:8470 h
WARNING:tensorflow:TPU system grpc://10.69.59.106:8470 h
INFO:tensorflow:Initializing the TPU system: grpc://10.6
INFO:tensorflow:Initializing the TPU system: grpc://10.6
INFO:tensorflow:Clearing out eager caches
INFO:tensorflow:Clearing out eager caches
INFO:tensorflow:Finished initializing TPU system.
INFO:tensorflow:Finished initializing TPU system.
INFO:tensorflow:Found TPU system:
INFO:tensorflow:Found TPU system:
INFO:tensorflow:*** Num TPU Cores: 8
INFO:tensorflow:*** Num TPU Cores: 8
INFO:tensorflow:*** Num TPU Workers: 1
INFO:tensorflow:*** Num TPU Workers: 1
INFO:tensorflow:*** Num TPU Cores Per Worker: 8
INFO:tensorflow:*** Num TPU Cores Per Worker: 8
INFO:tensorflow:*** Available Device: _DeviceAttributes(
INFO:tensorflow:*** Available Device: _DeviceAttributes(
```

〔図 2.23〕大量の INFO メッセージの一部

ージが大量に出力される。これらのメッセージにより、ブラウザがクラッシュをする場合もあるため、メッセージの出力を抑制する必要がある。このために、プログラム 2.19 では、setLevel() を用いてログ出力レベルを設定している。setLevel() の引数として、logging.DEBUG, logging.INFO, logging.WARN, logging.ERROR, logging.FATAL などを指定することで、ログ出力レベルの設定を行う。

② TPU サーバとの接続

TPUClusterResolver() を使用して TPU 管理サーバに接続する。接続に成功すると、cluster_spec() を使用して TPU の情報を表示する。接続に失敗した場合には、try 節の except 内の処理が呼ばれ、例外処理としてエラーメッセージを出力する。

③ TPU との接続と初期化

experimental_connect_to_cluster() にて TPU との接続を行い、initialize_tpu_system() にて TPU を初期化し、TPUStrategy() にて TPU での分散学習を可能にしている。

2.5　Google Colab のその他の設定

本節では、Google Colab 中のライブラリのバージョンを変更する方法を紹介する。また、インストールされていないライブラリの追加方法についても紹介する。

2.5.1　各種ライブラリのバージョン変更

Google Colabには、各種のソフトウェアやPythonライブラリが最初から導入されている。ソフトウェアやライブラリの更新があれば、これらの更新はGoogle Colabにも取り入れられていく。2.6節で、よく利用されるライブラリについて紹介しているが、本書の執筆時点でのバージョンと、読者がColab環境を利用する時点でのソフトウェアやライブラリのバージョンが異なっている可能性もある。ライブラリのバージョンが異なると、関数の挙動や使用できる関数のセットが変更されている可能性もあるため、本書のプログラムを実行する場合には、各種ライブラリのバージョンを本書執筆時のものにそろえる必要がある。インターネット上で公開・議論されている技術系の記事を参照する場合も同様である。

■Google Colabに含まれるPythonライブラリ一覧

プログラム2.20に示すコマンドで、Pythonライブラリのリストと、各ライブラリのバージョンを確認することができる（図2.24）。

プログラム2.20

```
!pip list
```

■ライブラリのバージョン確認

プログラム2.21に示すコマンドで、指定したPythonライブラリの詳細情報を表示することができる（図2.25）。

プログラム2.21

```
!pip show tensorflow
```

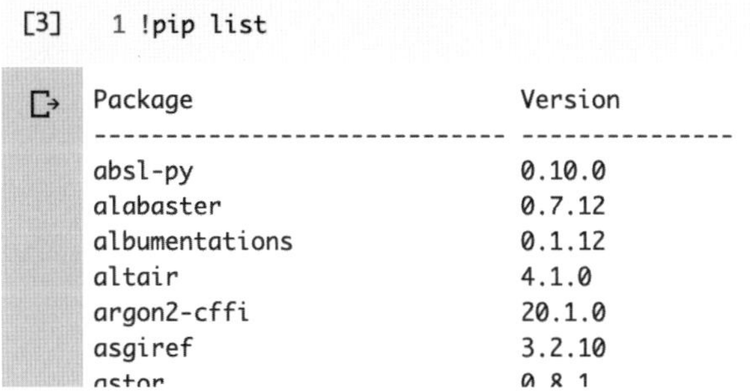

```
[3]   1 !pip list

Package                         Version
------------------------------ ---------------
absl-py                         0.10.0
alabaster                       0.7.12
albumentations                  0.1.12
altair                          4.1.0
argon2-cffi                     20.1.0
asgiref                         3.2.10
astor                           0.8.1
```

〔図2.24〕Google Colabに導入済みのPythonライブラリ

```
[30]   1 !pip show tensorflow

    Name: tensorflow
    Version: 2.4.0
    Summary: TensorFlow is an open source machine learning
    Home-page: https://www.tensorflow.org/
    Author: Google Inc.
    Author-email: packages@tensorflow.org
    License: Apache 2.0
    Location: /usr/local/lib/python3.6/dist-packages
    Requires: termcolor, flatbuffers, wheel, wrapt, numpy,
    Required-by: fancyimpute
```

〔図 2.25〕Python ライブラリの詳細

■ライブラリを特定のバージョンに変更

プログラム 2.22 に示すコマンドで、Python ライブラリを指定のバージョンに変更することができる。

プログラム 2.22

```
!pip install pandas==1.1.5
```

■注意！

ちなみに、Google Colab では、TensorFlow のバージョンを変更する際には注意が必要である。Google Colab に導入されている TensorFlow は、Google Colab 上の GPU や TPU を含む環境で正しく動作させるために、ソースからコンパイルされたものである。pip コマンドを用いて PyPI からダウンロード・インストールしてしまうと、正常に動作しない。

2.5.2　新規ライブラリの追加

Google Colab に含まれていないライブラリを利用したい場合には、プログラム 2.23 のように「!pip install」や「!apt-get install」を用いる。なお、「-qq」は、エラー以外を出力しないオプションである。「-y」は、問い合わせにすべて「y」と答えるオプションである。

プログラム 2.23

```
# pip コマンドを用いたライブラリ追加方法
!pip install simplejson

# apt-get コマンドを用いたライブラリ追加方法
!apt-get -qq install -y libfluidsynth1
```

2.6　Python によるデータ処理

本節では、3 章以降で共通に用いられている Python のライブラリについて説明する。紹介するライブラリとそのバージョン（2021 年 2 月現在）を表 2.4 に示す。なお、Python ライブラリをインポートする際には、すべて小文字で指定すること。バージョンの確認方法については、プログラム 2.24 を参照せよ。

プログラム 2.24

```
# Python のバージョン確認コマンド
!python -V

# 導入済みライブラリのバージョン確認コマンド
!pip list

# grep コマンドへのパイプにより表示内容を制御する例
!pip list | grep -e numpy -e "^pandas " -e pandas-profiling -e scikit-learn -e
"^matplotlib " -e "^tensorflow " -e "^Keras "
```

注意：Keras のライブラリ名の 1 文字目は大文字 (K) である。小文字の keras では「pip list」で検索・表示されない。

本書のプログラム例を実行する場合には、ライブラリのバージョンを本書のものとそろえる必要がある。バージョンの確認方法と変更方法は 2.5.1 節を参照せよ。

2.6.1　NumPy

NumPy[2] は、Python にて数値計算を行うために開発されたライブラリである。Python は、動的型付け言語であり、プログラム記述時には、オブジェクト（変数）に対して型を指定する必要がない。しかし、逆に、これが数値計算を非常に遅くする要因となっている。NumPy ではこの欠点を解消するために、オブジェクト宣言時の型付けが可能であり、またこのオブジェク

〔表 2.4〕Python ライブラリのバージョン

ライブラリ	バージョン
Python	3.6.9
NumPy	1.19.5
pandas	1.1.5
scikit-learn	0.22.2.post1
matplotlib	3.2.2
TensorFlow	2.4.1
Keras	2.4.3

[2] https://numpy.org/

トを用いた演算を行う機能を提供している。プログラム 2.25 に、NumPy の使用例を示す。

プログラム 2.25

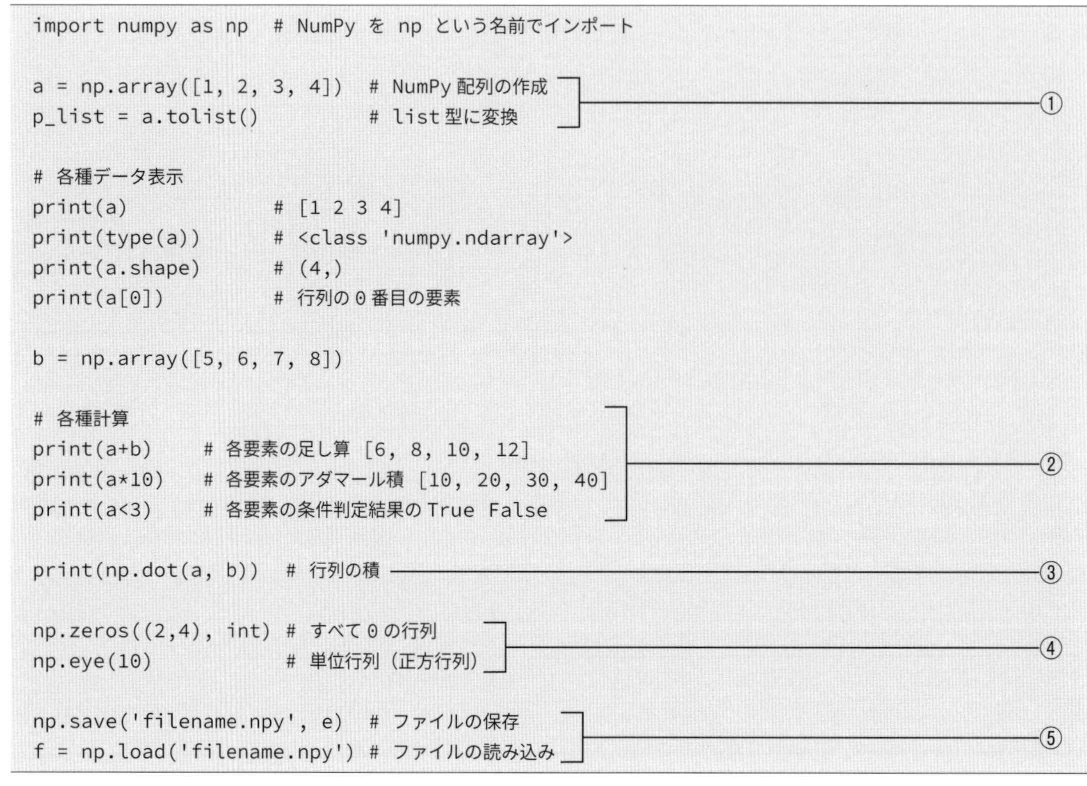

```
import numpy as np  # NumPy を np という名前でインポート

a = np.array([1, 2, 3, 4])  # NumPy 配列の作成
p_list = a.tolist()         # list 型に変換

# 各種データ表示
print(a)              # [1 2 3 4]
print(type(a))        # <class 'numpy.ndarray'>
print(a.shape)        # (4,)
print(a[0])           # 行列の 0 番目の要素

b = np.array([5, 6, 7, 8])

# 各種計算
print(a+b)     # 各要素の足し算 [6, 8, 10, 12]
print(a*10)    # 各要素のアダマール積 [10, 20, 30, 40]
print(a<3)     # 各要素の条件判定結果の True False

print(np.dot(a, b))  # 行列の積

np.zeros((2,4), int) # すべて 0 の行列
np.eye(10)           # 単位行列（正方行列）

np.save('filename.npy', e)  # ファイルの保存
f = np.load('filename.npy') # ファイルの読み込み
```


以下、プログラム 2.25 の重要箇所について説明する。

① NumPy 配列の作成

array() 関数の引数としてリスト型の値を指定することで、NumPy 配列を作成できる。逆に、NumPy 配列を Python リストに戻す場合には、tolist() 関数を用いる。NumPy 行列の値へのアクセス方法は、Python の多次元配列で用いられる方法と同様である。

② NumPy 配列同士の計算

NumPy 配列に対する四則演算は、要素ごとに計算が行われる。対象の NumPy 配列のサイズが異なる場合にはエラーとなる。NumPy 配列に対する条件式に対しては、各要素に対する条件判定結果の配列が返される。

③行列の積

行列 a と行列 b の積は、np.dot(a, b) あるいは a.dot(b) で求めることができる。行列が 2 次元以上の場合には、行列計算ができるように行と列のサイズを合わせる必要がある。

④初期値を設定した行列の生成

NumPy 行列を生成する際に、初期値を設定して行列を生成するための関数が用意されており、初期値に応じて関数が使い分けられている。

⑤ファイルへの保存と読み込み

NumPy 配列は、バイナリ形式で保存、読み込むことが可能である。各種計算結果の保存ができ、オブジェクトの型やサイズなどの構成をそのまま保存することが可能である。

2．6．2　pandas

pandas[3] は、列指向データベース分析 API である。入力データの取り扱いや分析に最適なツールであり、多くの機械学習フレームワークが pandas のデータ構造を入力としてサポートしている。実装には、前節で紹介した NumPy が用いられている。pandas API は巨大であり、全体の説明はここでは省くが、基本的な部分は非常に単純であり容易に理解できる。プログラム 2.26 に pandas の使用例を示す。

プログラム 2.26

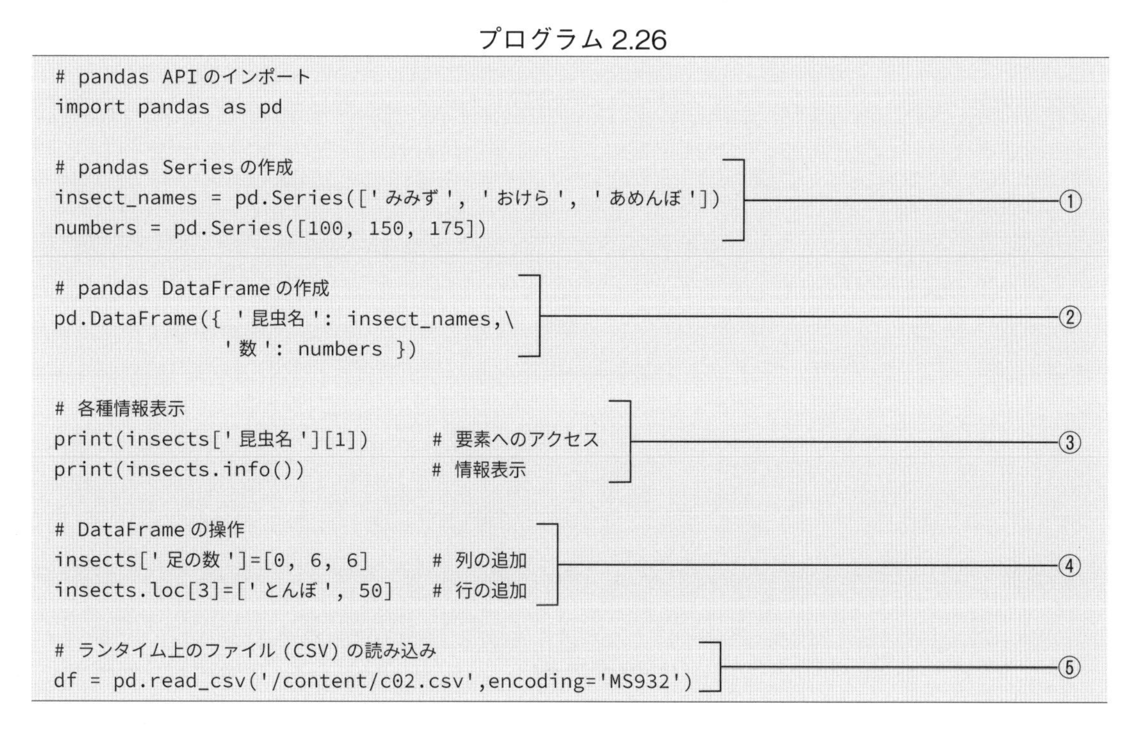

```
# pandas API のインポート
import pandas as pd

# pandas Series の作成
insect_names = pd.Series(['みみず', 'おけら', 'あめんぼ'])    ①
numbers = pd.Series([100, 150, 175])

# pandas DataFrame の作成
pd.DataFrame({ '昆虫名': insect_names,\                      ②
               '数': numbers })

# 各種情報表示
print(insects['昆虫名'][1])       # 要素へのアクセス          ③
print(insects.info())             # 情報表示

# DataFrame の操作
insects['足の数']=[0, 6, 6]       # 列の追加                  ④
insects.loc[3]=['とんぼ', 50]     # 行の追加

# ランタイム上のファイル (CSV) の読み込み
df = pd.read_csv('/content/c02.csv',encoding='MS932')         ⑤
```

以下、プログラム 2.26 の重要箇所について説明する。

---

[3] https://pandas.pydata.org/

① Seriesの作成

pandasのデータ構造は、SeriesとDataFrameの2つのクラスが主に用いられる。DataFrameの構造は、SparkやRでも用いられている一般的なデータ構造である。Seriesは1列のデータで構成され、DataFrameは関係データベースのような行列構造であり、複数のSeriesからなる。プログラム中では、pd.Series()を用いて2つのSeriesを作成している。

② DataFrameの作成

辞書型の記法を通して、Seriesに名前をつけることで、DataFrameを作成することができる(図2.26)。

③ DataFrameの情報表示

DataFrame内の要素へのアクセスには、Pythonのdict/listの記法を使用できる。また、DataFrameのメンバ関数や変数を参照することで、DataFrameに関する情報を確認することができる。代表的なものを表2.5に示す。

④ DataFrameの操作

列を簡単に追加するためには、存在しない列名を指定して値を代入すればよい。列の削除を行う場合には、df.drop（列名）を使用する。引数にaxis=1を指定することで「列」を明示的に指定できる。

行を簡単に追加するためには、存在しない行名を指定して値を代入すればよい。これには、locメソッドを用いる。行の削除を行う場合には、列の場合と同様に、df.drop（行名）を使用する。axis=0の指定で「行」を明示的に指定できる。

⑤データの読み込み

通常は、DataFrameをユーザ自身で定義することはせず、2.3.3節のプログラム2.7に示した

	昆虫名	数
0	みみず	100
1	おけら	150
2	あめんぼ	175

〔図2.26〕pandasのDataFrameの例

〔表2.5〕DataFrameの情報表示用関数／変数

関数／変数	内容
DataFrame.describe()	各種統計情報表示
DataFrame.index	インデックス情報
DataFrame.columns	列の名前
DataFrame.shape	サイズ
DataFrame.info()	情報表示
DataFrame.head()	最初の数行を表示
DataFrame.tail()	最後の数行を表示

ように、保存されたデータを読み込んでDataFrame型にする場合がほとんどである。

■ NaN対策

機械学習を行なっていると、値が発散したり、0による除算をしたりして、計算結果がNaN（Not a Number）となる場合が多々ある。このような場合には、その後の学習が進まなくなってしまうので、途中でNaNが発生していないか確認することが大変重要である。また、NaNが発生した際には、機械学習を継続させるために別の値に書き換える必要がある。NaNであるか否かを確認し対処するために、表2.6に示すような関数が用意されている。

2.6.3 scikit-learn

scikit-learn[4]（読み方：サイキットラーン）は、Python用に開発されたオープンソースの機械学習ライブラリであり、サポートベクトルマシン(SVM)やランダムフォレストなどのさまざまな分類モデル、回帰モデル、クラスタリングモデルを構築することができる。Pythonの数値計算ライブラリであるNumPyとSciPy、matplotlibを用いて構築されている。

scikit-learnでは、学習に利用可能なデータを簡単に利用するためのdatasetsモジュールが用意されており、同梱されているデータのロードや、その他のデータのダウンロードを容易に実行可能である。以下では、同梱データであるirisデータセット（アヤメデータセット）を用いる。このデータは、各種の機械学習でよく用いられているアヤメの品種のデータであり、アヤメ3品種について合計150件のデータが含まれている。データセットは、表2.7に示すように、iris.dataに含まれる4つの値と、正解ラベルで構成される。

プログラム2.27に、SVMモデルを構築するプログラムを示す。プログラムにあるように、データの用意とロードに1行、モデルの用意に1行、モデルの学習に1行の合計3行の記述で、SVMによるモデル構築を行うことが可能である。モデルを用いた分類（テスト）も、1行で記述することができ、きわめて簡単にモデルを利用することが可能となっている。なお、この場合の予測結果は、「バージカラー」となった。

〔表2.6〕NaNへの対処に用いる関数

関数	内容
DataFrame.isnull()	NaNかどうかをブール型で返す
DataFrame.isnull().sum()	値がNaNの要素の個数を確認
DataFrame.isnull().all()	行・列ごとに値がすべてNaNであるか
DataFrame.isnull().any()	行・列ごとに値が1つでもNaNであるか
DataFrame.fillna()	値がNaNの要素の穴埋め
DataFrame.dropna(how='all',axis=1))	欠損値のみの列の削除

[4] https://scikit-learn.org/stable/

〔表 2.7〕Iris データセット

変数	内容
iris.data	4つの値のリスト
SepalLength	ガクの長さ
SepalWidth	ガクの幅
PetalLength	花弁の長さ
PetalWidth	花弁の幅
iris.target	正解ラベル（3種類）
Iris-Setosa	ヒオウギアヤメ
Iris-Versicolour	バージカラー
Iris-Virginica	バージニカ

プログラム 2.27

```
# モジュールインポート
import numpy as np
import matplotlib.pyplot as plt
from sklearn import datasets
from sklearn import svm

# 学習用データ準備
iris = datasets.load_iris()    # irisデータセットの読み込み
print(iris.DESCR)              # データセットの説明表示

# モデル設定と学習
model = svm.LinearSVC()             # モデル用意・設定
model.fit(iris.data, iris.target) # モデルの学習

# 学習済みモデルを用いて推論
# 入力：ガクの長さ、ガクの幅、花弁の長さ、花弁の幅
model.predict([[ 6.0,  4.0,  6.0,  1.0]])
```

scikit-learn には、上記の SVM 以外にも、たくさんのモデル学習モジュールが用意されており、非常に簡単にモデル構築が可能である。表 2.8 に一例を示す。

今回紹介した SVM 学習の例は、すべてが sklearn.svm にラップされており、利用が簡単な反面、引数で指定できる範囲を超えた細かなモデル構築は難しい。しかし、scikit-learn では、より低レベルの関数も利用可能であり、モデルの学習、評価、データの事前準備、データ用意などに関して、さまざまな関数が提供されている。

2.6.4　matplotlib

matplotlib[5] は、Python によるデータ可視化ライブラリであり、各種グラフの描画を行うこ

[5] https://matplotlib.org/

〔表 2.8〕scikit-learn の学習モジュールの例

学習モジュール	学習法
neighbors.KNeighborsClassifier()	*k*- 近傍法（*k*-nearest neighbor algorithm）
cluster.KMeans()	*k*- 平均法（*k*-means clustering）
decomposition.PCA()	主成分分析（PCA）

とができる。2 次元および 3 次元のグラフを描画することができ、それらをラスター画像やベクトル画像として保存することができる。Python を用いて機械学習をする際には、使用するデータの可視化や計算結果の可視化は、matplotlib で行う場合がほとんどである。

matplotlib は pandas の plot() 関数にてラップされており、pandas から直接利用することも可能であるが、matplotlib 単体で利用する場面も多いため、プログラム 2.28 で利用方法を紹介する。

プログラム 2.28

```
# 日本語環境の構築                                          ①
!pip install japanize-matplotlib

# matplotlib のインポート（pyplot を plt として使用）
import matplotlib.pyplot as plt

# 日本語表示への対応
import japanize_matplotlib   # 日本語化 matplotlib        ①'
import seaborn as sns        # Matplotlib ラッパ
sns.set(font="IPAexGothic") # 日本語フォント設定

# データの用意
x  = [1, 2, 3, 4, 5, 6, 7, 8, 9]
y1 = [1, 3, 5, 3, 1, 4, 2, 4, 1]
y2 = [2, 6, 6, 6, 2, 6, 6, 6, 2]

# グラフのプロット
plt.plot(x, y1, ls='-', marker='s', label=" ライン：低 ")   ②
plt.plot(x, y2, ls='-.', marker='o', label=" ライン：高 ")

# 軸ラベルなどの設定
plt.xlabel(" 横軸 ")          # 横軸ラベル
plt.ylabel(" 縦軸 ")          # 縦軸ラベル
plt.title(" 線グラフ ")       # グラフタイトル
plt.legend()                  # 凡例表示

# グラフの描画（ファイル、画面）
plt.savefig("graph.png")     # ファイルに保存              ③
plt.show()                    # 画面にグラフ描画
```

以下、プログラム2.28の重要箇所について説明する。

①①'日本語環境の構築

まず日本語の表示を可能にするために、japanize-matplotlibモジュールをインストールする。その後、matplotlib利用プログラム内で、japanize-matplotlibを読み込む。ここでは、フォントはIPAexGothicに設定している。

②グラフのプロット

グラフのプロットはplot()関数にて行う。引数にて、線やマーカーの種類を指定できる。線やマーカーの種類と指定方法を表2.9に示す。

③グラフの描画（ファイル、画面）

プロットしたグラフを画像ファイルへ保存する場合には、savefig()関数を用いる。これにより引数で指定した名前の画像ファイルがユーザのルートディレクトリに保存される。また、show()関数を実行することで、それまでにプロットしたグラフが画面に描画される（図2.27）。

〔表2.9〕plotの線とマーカーの種類

【線の種類 (linestyle, ls)】		
種類	呼称	記号
実線	solid	-
破線	dashed	--
一点鎖線	dashdot	-.
点線	dotted	:
非表示	None	

【マーカーの種類（一部）】		
種類	呼称	記号
点	point	.
ピクセル	pixel	,
円	circle	o
三角（上）	triangle_up	^

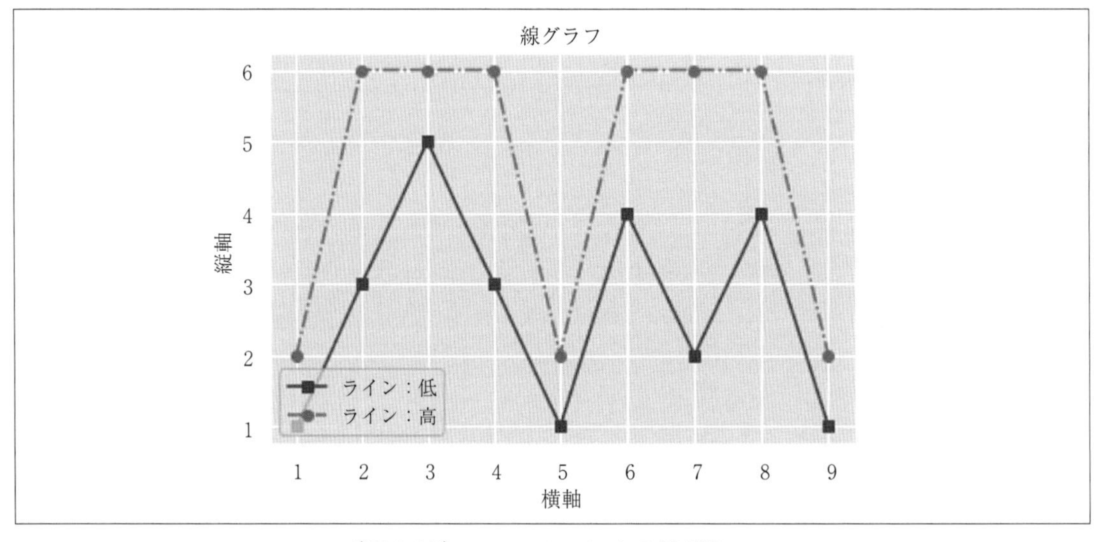

〔図2.27〕matplotlib()による線グラフ

2.6.5　TensorFlow

TensorFlow[6]（読み方：テンソルフロー）は、Googleによって開発・公開されている機械学習のためのライブラリである。広く機械学習・数値解析に対応しているが、主にニューラルネットワーク（深層学習）に用いられている。Googleが提供している各種サービスのモデル構築用にも活用されている。

なお、TensorFlowは、バージョン1系と2系で大きく仕様が異なっているため、他者のプログラムや解説を参考にする場合には、TensorFlowのバージョンには特に注意が必要である。また、Google Colab上のTensorFlowのバージョンを変更する際には、pip installを使うべきではない。Google Colab上にインストールされているTensorFlowは、Google Colab上のハードウェアとの互換性を確保するためにソースからビルドされており、PyPIから取得したTensorFlowでは、まったく動作しない場合がある。

TensorFlowはその名の通り、Tensor（テンソル、多次元配列）のFlow（流れ）を記述し、それによって計算・モデルを定義・構築するものである。通常は、TensorFlowを直接使わず、同梱されている抽象化用ライブラリであるKerasを用いてモデルを構築する場合がほとんどである。プログラム2.29に、TensorFlowのオフィシャルページにて、最初に表示されるサンプルプログラムを紹介する。このプログラムは、MNIST手書き数字画像データセット[7]を用いて、手書き数字認識を行うモデルの構築・学習を行っている。

---

[6] https://www.tensorflow.org/
[7] http://yann.lecun.com/exdb/mnist/

プログラム2.29

```
# 本プログラムは、TensorFlow Authorsの著作物である。
# Copyright 2018 The TensorFlow Authors.  All rights reserved.

# モジュールインポート
import tensorflow as tf

# TensorFlow内のKerasのdatasetsを用いて
# mnistデータセットをダウンロード
mnist = tf.keras.datasets.mnist

# mnistデータをload_data()関数を用いてロード
# 学習データとテストデータに分ける
# その後、データを正規化している
(x_train, y_train),(x_test, y_test) = mnist.load_data()
x_train, x_test = x_train / 255.0, x_test / 255.0
```

```
# TensorFlow.kearsを用いてモデルを定義
model = tf.keras.models.Sequential([
  tf.keras.layers.Flatten(input_shape=(28, 28)),
  tf.keras.layers.Dense(128, activation='relu'),          ①
  tf.keras.layers.Dropout(0.2),
  tf.keras.layers.Dense(10, activation='softmax')
])

# モデルの学習設定
model.compile(optimizer='adam',
              loss='sparse_categorical_crossentropy',
              metrics=['accuracy'])                        ②

# モデルの学習
model.fit(x_train, y_train, epochs=5)

# モデルの評価
model.evaluate(x_test, y_test)
```

以下、プログラム2.29の重要箇所について説明する。

① TensorFlow内のKerasを用いたモデル定義

プログラム中では、tf.keras.models.Sequential()を用いて深層学習モデルの定義を行っている。layersクラスが持つ各関数Flatten, Dense, Dropoutを用いて、各層のユニット数や活性化関数などの設定を行っている。

②モデルの学習設定と学習実行

モデルを学習させる上で必要な設定を行う。プログラム中では、model.compile()にて、最適化手法（optimizer）をadamに設定し、損失関数（loss）をsparse_categorical_crossentropyに設定している。model.fit()にてモデルの学習を行う。モデルの学習に使用するデータのほかに学習回数（エポック数）も指定でき、プログラム中では5エポックに設定している。

プログラム2.29を実行すると、MNISTデータセットのダウンロードとデータの読み込みが行われ、定義されたモデル構成にて学習が行われる。ちなみに、学習は20秒程度で終了し、終了時の損失は0.0701、精度は0.9789であった。

2.6.6 Keras

Keras[8]（読み方：ケラス）は、Pythonを用いて開発されているオープンソースの深層学習用ライブラリである。TensorFlowのほか、Microsoft Cognitive ToolkitやTheano上で動作させるこ

[8] https://keras.io/

とも可能である。Kerasを用いることで、Kerasの呼び出し元である科学計算ライブラリに関わらず、ニューラルネットワークを簡単に扱うための抽象化がなされ、直感的にモデルを構築することが可能となる。

Google Colabにおいては、Keras単体のモジュールも導入されているが、TensorFlow内のKerasも導入されており、どちらも利用可能である。しかし、前節のTensorFlowでのモデル学習のプログラム（プログラム2.29）でも示されているように、Google Colabにおいては、TensorFlow内のKerasを使用するのが一般的である。TensorFlow内のKerasのバージョンを確認するには、プログラム2.30に示すようにtf.keras.__version__を参照すればよい。

プログラム2.30

```
import tensorflow as tf
tf.keras.__version__
```

Kerasには、深層学習モデルの構築・学習に必要なAPIが豊富に用意されており、煩雑なプログラミングを行うことなく、簡単に深層学習モデルを学習することができる。これにより、モデルの構造や各種設定などの変更・考察にかける時間を増やすことができ、研究・開発を効率的に進めることが可能となる。以下に、代表的なAPIを紹介する。用意されているAPIを知ることで、Kerasによってできることや、Kerasの目的が理解できる。

■損失関数（keras.losses）

学習時に正解とモデル出力とを比較するための方法を定義する関数が用意されている。mean_squared_error(), categorical_crossentropy()などがある。

■評価関数（keras.metrics）

損失関数と同様に、正解とモデル出力の比較を行う関数であるが、その結果はモデル学習に使われるのではなく、評価にのみ使われる。binary_accuracy(), categorical_accuracy()などがある。

■最適化（keras.optimizers）

モデル学習時に、モデルの学習方法である学習係数をどのように変化させるかについて設定する。SDG(), Adam(), Adadelta(), Adagrad()などがある。

■活性化関数（keras.Activation）

学習モデルネットワーク内の活性化関数の定義を行うための関数である。softmax(), relu(), tanh(), sigmoid()などがある。

■コールバック（keras.callbacks）

モデル学習中のコールバック関数の定義を行うための関数である。Callback(), BaseLogger(), History(), LambdaCallback(), TensorBoard()などがある。

■データセット（keras.datasets）

各種データセットのダウンロード、メモリへのロードを行う。CIFAR10、CIFAR100、IMDB映画レビュー感情分類、ロイターのニュースワイヤートピックス分類、MNIST手書き数字データベース、Fashion-MNIST、ボストンの住宅価格回帰データセットなどが用意されている。

■事前学習モデル（keras.applications）

事前学習したモデルが用意されており、利用することが可能である。用意されたモデルをそのまま用いる以外にも、ファインチューニング(fine-tuning)にも利用可能である。Xception, VGG16, VGG19, ResNet50, InceptionV3, InceptionResNetV2, MobileNet, DenseNet, NASNet, MobileNetV2などが用意されている。

■初期化（keras.initializers）

モデルの各層の初期化方法を定義するための関数が用意されている。Zeros(), Ones(), Constant(), RandomNormal()などがある。

■正則化（keras.regularizers）

正則化によって、学習中のモデルのパラメータや出力に制約を課すことができる。l1(), l2(), l1_l2()などがある。

■制約（keras.constraints）

学習中のネットワークパラメータに制約を設定できる。maxnorm(), non_neg(), unit_norm(), min_max_norm()などがある。

■可視化（keras.graphviz）

モデルの可視化をするためのユーティリティ関数が提供されている。plot_model()にてモデルのグラフ構造の可視化が可能である。model.fit()の返り値を用いることで学習の履歴の可視化が可能である。

■ユーティリティ（keras.utils）

モデル処理に用いることができるユーティリティが用意されている。NumPy配列の代わりに使えるHDF5形式の配列が利用できるHDF5Matrix()や、整数のクラスベクトルから2値の行列へ変換するto_categorical()などがある。

3章

基本的な前処理技術

本章では、機械学習における基本的な前処理技術について紹介する。最初に、機械学習の効率化や高精度化に欠かすことのできない標準化や正規化について説明し、次に外れ値と欠損値の前処理について説明する。機械学習の現場で出会うデータには、他のデータと比べ、極端に偏った値を持ったものや、データの一部が欠損したものなどがある。外れ値と欠損値の前処理は、このような不完全なデータを扱うために必須である。

3．1　標準化と正規化

データ分析や機械学習などでさまざまな種類のデータ（体重と年齢など）を特徴量として扱う際、単位や平均値の異なるデータをそのまま機械学習モデルに入力すると、高精度な予測モデルの学習を行うことができなかったり、パラメータの収束に時間がかかったりする。このような尺度の異なる特徴量を同等に扱うことができるようにするため、データを一定の基準に従って揃える必要がある。データの数値を一定の範囲に揃える（変換する）ことを**スケーリング**（scaling）とよび、**標準化**（standardization）や**正規化**（normalization）などの手法が一般的である。

一般に、標準化は、値の平均が0、分散が1の正規分布になるように値を補正することであり、式（3-1）の計算式により元の値xをx'に補正する。なお、μは平均、σは標準偏差、nはデータの個数である。標準偏差は、式（3-2）で求められる**母集団標準偏差**と、式（3-3）で求められる**標本標準偏差**の2種類あるが、これはデータを母集団全体とみなすか、あるいは母集団から抽出した標本とみなすかの違いであり、一般に標本標準偏差を用いることが多い。

$$x' = \frac{x - \mu}{\sigma} \quad \cdots\cdots (3\text{-}1)$$

$$\sigma = \sqrt{\frac{1}{n}\sum_{i=1}^{n}(x_i - \mu)^2} \quad \cdots\cdots (3\text{-}2)$$

$$\sigma = \sqrt{\frac{1}{n-1}\sum_{i=1}^{n}(x_i - \mu)^2} \quad \cdots\cdots (3\text{-}3)$$

正規化は、値の範囲が最小値（min）から最大値（max）の範囲に収まるように補正する処理であり、式（3-4）により行うことができる。なお、$x_{\max}$はデータセット中の最大値、$x_{\min}$はデータセット中の最小値である。

$$x' = \frac{x - x_{\min}}{x_{\max} - x_{\min}}(\max - \min) + \min \quad \cdots\cdots (3\text{-}4)$$

標準偏差は、pandasのメソッドstdを用いて計算できる。また、機械学習ライブラリsklearn（scikit-learn）のStandardScalerクラスを用いると数値データの標準化を、MinMaxScalerクラスを用いると正規化を行うことができる。MinMaxScalerクラスは、デフォルトでは、最小値0、最大値1の範囲に正規化する。

プログラム3.1にYouTubeのトレンドに関するデータに対して、特定の列の標準化および正規化を行い、2つの列の間の関係を可視化する具体例を示す。このデータは、2017年11月から2018年3月の期間にYouTube APIを用いて収集したデータをもとに集計した、視聴回数が上位の動画の投稿日時、チャネルタイトル、視聴回数（views）、動画の高評価数（likes）、動画の低評価数（dislikes）、コメント数（comment_count）など計23の列からなるデータである。登録されているデータ数は全部で4,519件である。

プログラム 3.1

```
import pandas as pd
# 標準化および正規化用のクラスをインポート
from sklearn.preprocessing import StandardScaler
from sklearn.preprocessing import MinMaxScaler
# グラフ描画用ライブラリをインポート
import matplotlib
%matplotlib inline
import matplotlib.pyplot as plt

# データの準備（Kaggle API を用いたデータのダウンロード）
!kaggle datasets download -d sgonkaggle/youtube-trend-with-subscriber
!unzip youtube-trend-with-subscriber.zip

# CSV ファイルを読み込んでデータフレームに格納
df = pd.read_csv('USvideos_modified.csv')
# データフレームから特定の列のみを抽出
# 視聴回数、コメント数など
data = df.loc[:,['views', 'likes', 'dislikes', 'comment_count']]
# likes と views を標準化
print(' 標準化 (StandardScaler)')
sc = StandardScaler()
data_std = sc.fit_transform(data.loc[:,['likes', 'views']])
print(data_std)
# 標準化したデータで likes と views の関係を可視化
plt.figure()
plt.title('StandardScaler (Likes, Views)')
# 横軸の範囲を -5.0 から 5.0 に設定
plt.xlim((-5.0, 5.0))
# 縦軸の範囲を -5.0 から 5.0 に設定
plt.ylim((-5.0, 5.0))

# 標準化した likes と views を縦軸、横軸として散布図を描画
plt.scatter(data_std[:,0], data_std[:,1],
color='k', marker='^')
plt.xlabel('Likes')
plt.ylabel('Views')
plt.grid()

# 正規化（デフォルトでは、最小値 0、最大値 1 に正規化）
print(' 正規化 (MinMaxScaler)')
ms = MinMaxScaler()
data_norm = ms.fit_transform(data.loc[:, ['dislikes', 'comment_count']])
print(data_norm)

# 正規化したデータで dislikes と comment_count の関係を可視化
plt.figure()
```

```
plt.title('MinMaxScaler (Disikes, Comment Count)')
plt.scatter(data_norm[:,0], data_norm[:,1],
color='k', marker='^')
plt.xlabel('Dislikes')
plt.ylabel('Comment_Count')
plt.grid()
```

実行結果の一部を図 3.1 に示す。標準化の結果は負の値を含んでいるが、正規化の結果には正の値のみが含まれていることがわかる。

また、標準化は数値計算ライブラリ scipy の stats クラスのメソッド zscore を用いて行うこともできる。プログラム 3.2 に、zscore を用いた標準化の具体例を示す。使用するデータはプログラム 3.1 と同じであり、可視化部分は省略している。

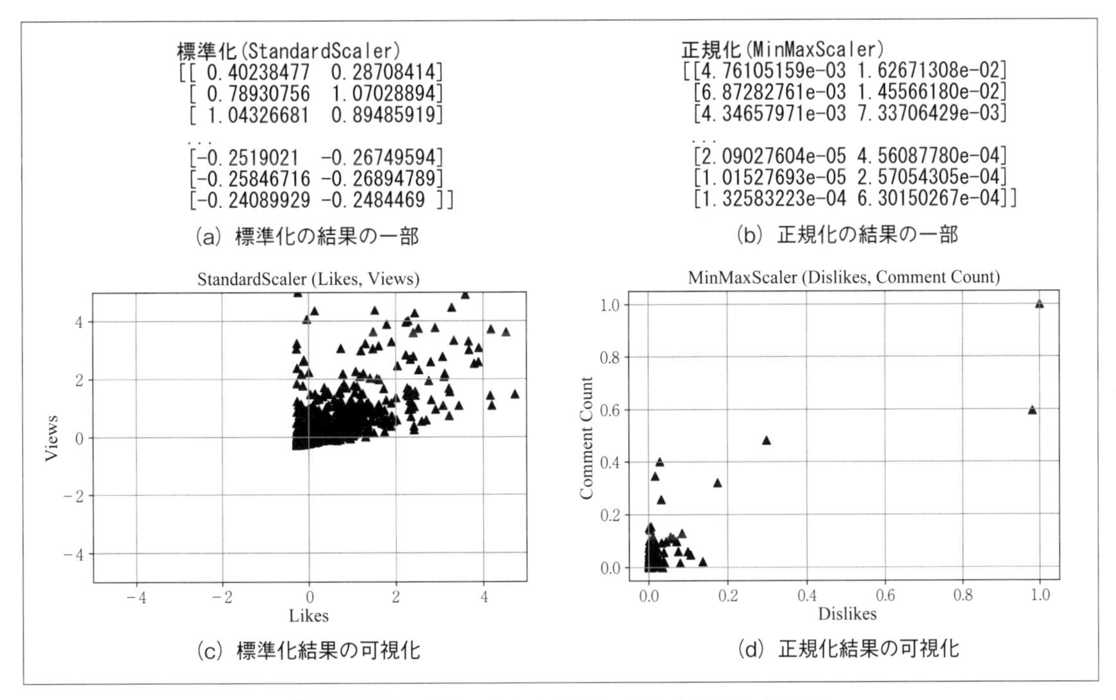

(a) 標準化の結果の一部　(b) 正規化の結果の一部

(c) 標準化結果の可視化　(d) 正規化結果の可視化

〔図 3.1〕YouTube トレンドデータの標準化と正規化

プログラム 3.2

```
import pandas as pd
# 標準化のための scipy.stats をインポート
import scipy.stats as stats
# データのダウンロードについてはプログラム 3.1 と同じなので省略
# CSV ファイルを読み込んでデータフレームに格納
df = pd.read_csv('USvideos_modified.csv')
df = df.loc[:,['views', 'likes', 'dislikes', 'comment_count']]
# データフレームに格納されている内容を zscore で標準化
score = stats.zscore(df)
print(score)
```

プログラム 3.2 の実行結果を図 3.2 に示す。プログラム 3.1 で StandardScaler クラスを用いて標準化した結果と同じになっていることがわかる。

3.2　ビニング

ビニング（binning）は、**離散化**（discretization）ともよばれ、連続する数値データを任意の境界で区切ることで、カテゴリカルなデータとして扱う処理のことである。データのカーディナリティ度（データの種類の多さ）を下げるためにも用いられる。たとえば、1 ～ 100 までである数値に対して、1 ～ 10 までを 1、11 ～ 20 までを 2、というような変換を行うことで、データの種類を 10 分の 1 まで減らすことができる。ビニングを用いると属性間の関係を補強できるため、機械学習モデルの品質が向上することがある。数値データの分布を知りたいときに作成するヒストグラムもビニングを行っている。また、予測対象が連続値の場合にビニングを用いると数値をカテゴリラベルに変換できるため、回帰モデル以外の機械学習手法を適用しやすくなる。

ビニングには、pandas のメソッド cut および qcut を用いることができる。qcut は、指定した区切り数をもとにデータ範囲を等分する。つまり、量をもとにビンへの分割を行う。cut は、指定した領域ごとにデータを分割する。つまり、値をもとにビンへの分割を行う。機械学習の前処理の際に数値データをカテゴリカルなデータに変換したいときは、cut を用いることになる。

```
[[ 0.28708414  0.40238477  0.14622138  0.55342212]
 [ 1.07028894  0.78930756  0.24277009  0.47852937]
 [ 0.89485919  1.04326681  0.12727206  0.16242987]
 ...
 [-0.26749594 -0.2519021  -0.07049443 -0.13884543]
 [-0.26894789 -0.25846716 -0.07098591 -0.14755987]
 [-0.2484469  -0.24089929 -0.06538849 -0.13122431]]
```

〔図 3.2〕scipy.stats を用いた YouTube トレンドデータの標準化

ビニングの具体的な例をプログラム 3.3 に示す。データは、プログラム 3.1 および 3.2 で使用したものと同じデータである。

プログラム 3.3

```
import numpy as np
import pandas as pd
import matplotlib.pyplot as plt
# データのダウンロード等はプログラム 3.1 と同じなので省略

df = pd.read_csv('USvideos_modified.csv')
# cut を使わない例（value_counts を使用する）
# コメント数（100 件ずつに区切る）ごとの
# 動画の件数を集計した結果をグラフ化する
plt.figure()
pd.cut(df['comment_count'], range(0,1000, 100),
       right=False).value_counts(sort=False).plot.bar(
       title='Aggregated data (comment count)')
plt.show

# トレンドタグの最高値をヒストグラム化
plt.figure()
plt.hist(df['trend_tag_highest'], bins=10)
plt.title('Histogram (trend tag highest)')
plt.show()

# ビニング（cut）
# likes を N 分割する（N=10）
v_cut = pd.cut(df['likes'].values, bins=10, labels=list(range(10)))

# ビニング結果を可視化（matplotlib によりグラフ作成）
plt.figure()
plot_data = v_cut.value_counts().sort_index()
# 横軸の目盛ラベルを 90 度回転させる
plt.xticks(rotation=90)
plt.bar( plot_data.index, plot_data, width=0.5)
plt.title('Binning by cut 1 (likes)')
plt.show

# 視聴回数（views）をビニング
bins = [-1,100000,1000000,10000000]
labels = ['[0,100k)', '[100k,1000k)', '[1000k,10000k)']
v_cut = pd.cut(df['views'], bins=bins, labels=labels)

# ビニング結果を可視化する（matplotlib によりグラフ作成）
plt.figure()
```

```
# value_countsを用いて各ビンに属するデータ件数をカウント
plot_data = v_cut.value_counts().sort_index()
plt.bar(plot_data.index, plot_data, width=0.5)
plt.title('Binning by cut 2 (views)')
plt.show()

# dislikesをビニング
# 10等分（10個のビン）に分割
v_qcut = pd.qcut(df['dislikes'],10)
count_result = v_qcut.value_counts

# ビニング結果を可視化（matplotlibによりグラフ作成）
plt.figure()
plot_data = v_qcut.value_counts().sort_index()
plt.xticks(rotation=90)
plt.bar(list(range(0,10)), plot_data, width=0.5)
plt.title('Binning by qcut (dislikes)')
plt.show()
```

図3.3に、プログラム3.3の実行結果の一部を示す。図3.3の左の図(a)がコメント数を100ごとに区切ったビデオの件数の集計結果をグラフ化したものであり、右の図(b)が視聴数を3つのビンに区切って各視聴数の範囲に該当するビデオの件数をカウントした結果を示すグラフである。

数値計算ライブラリNumPyのメソッドdigitizeもビニングに用いることができる。digitizeの使用例をプログラム3.4に示す。データは、プログラム3.3で使用したものと同じである。この例では、ビニングしたデータを用いて機械学習手法である決定木による学習と予測も行っている。

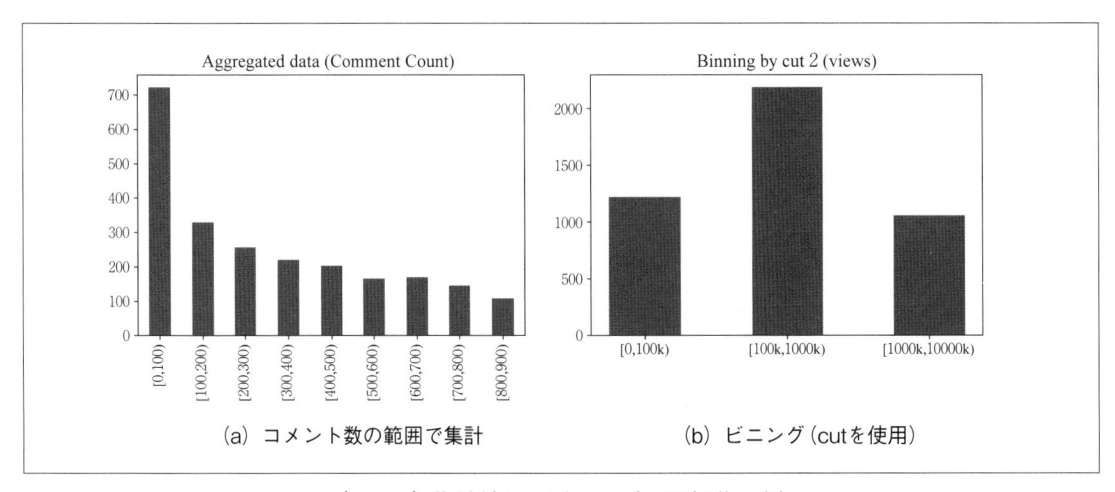

(a) コメント数の範囲で集計

(b) ビニング（cutを使用）

〔図3.3〕集計結果とビニングの可視化の例

プログラム 3.4

```
import numpy as np
import pandas as pd
import matplotlib.pyplot as plt
# 決定木分類用のクラスをインポート
from sklearn.tree import DecisionTreeClassifier
# データをテスト / 学習データに分割するためのクラスをインポート
from sklearn.model_selection import train_test_split
# 再現率、適合率、F 値を表示するためにインポート
from sklearn.metrics import classification_report

# データの準備
def prepare():
    !kaggle datasets download -d \
    sgonkaggle/youtube-trend-with-subscriber
    !unzip youtube-trend-with-subscriber.zip

# ビニングして可視化
def binning(df, labels, bins, feature_name):
    plt.figure()
    # digitize を用いて bins に指定した範囲に分割
    dg = np.digitize(df[feature_name], bins=bins) ──────────①
    # 分割した結果をヒストグラムで可視化
    plt.hist(dg, bins=np.arange(len(bins))+0.5, edgecolor='w')
    plt.xticks(rotation=90)
    plt.ylabel('Num. of Videos')
    plt.xlabel('Num. of {}'.format(feature_name))
    plt.xticks(ticks=list(range(len(bins))), labels=labels)
    plt.show()
    return dg

# 学習データとテストデータを作成
def make_train_test_data(dg, sdg, ydg):
    dg = np.asarray(dg)                   ┐
    dg = np.reshape(dg,(len(dg),1))       │
    sdg = np.asarray(sdg)                 ├──────────②
    sdg = np.reshape(sdg,(len(sdg),1))    ┘
    X = np.concatenate([dg, sdg], axis=1) ──────────③
    # 9:1 の比率で学習データとテストデータに分割                    ┐
    X_train, X_test, y_train, y_test = train_test_split(          ├──④
                                    X,ydg, random_state=0,train_size=0.9) ┘
    return X_train, X_test, y_train, y_test

def main():
    prepare()
    df = pd.read_csv('USvideos_modified.csv')
    # np.digitize を用いて視聴回数 (views) をビニング
```

```
    labels = [ '[0,100k)', '[100k,1000k)',
               '[1000k,10000)', '[10000k, ∞ )']
    bins = [-1,100000,1000000,10000000]
    dg = binning(df, labels, bins, 'views')
    # np.digitizeを用いてlikesをビニング
    labels = [ '[0,1000)', '[1000,5000)', '[5000,10000)',
               '[10000,25000)', '[25000, ∞ )']
    bins=[-1,1000,5000,10000,25000]
    sdg = binning(df, labels, bins, 'likes')

    # 視聴回数とlike数をもとにビニングされたコメント数を
    # 予測するモデルを決定木により学習
    # np.digitizeを用いてコメント数(予測対象)をビニングする
    bins=[-1,100,500,1000,3000,1000000] ―――――――――――――――⑤
    tnames = ['[0,100)', '[100,500)', '[500,1000)',
               '[1000,3000)', '[3000,1000000)']
    ydg = binning(df, tnames, bins, 'comment_count')
    # 視聴回数とlikesはビニングしない
    X_train, X_test, y_train, y_test = make_train_test_data(
                                      df['views'].values, df['likes'].values, ydg)
    dt = DecisionTreeClassifier()
    dt.fit(X_train,y_train)
    y_pred = dt.predict(X_test)
    print('Result (without binning)')
    print(classification_report(y_test, y_pred, target_names=tnames))

    # コメント数をビニングしたカテゴリを
    # 予測するモデルを決定木によって学習する
    X_train, X_test, y_train, y_test = make_train_test_data(dg, sdg, ydg)

    dt = DecisionTreeClassifier()
    dt.fit(X_train,y_train)
    y_pred = dt.predict(X_test)
    print('Result (with binning)')
    print(classification_report(y_test, y_pred, target_names=tnames))

# mainを呼び出すために必要（以降、省略する）
if __name__ == '__main__':
    main()
```

以下、プログラム3.4の重要箇所について説明する。

①特徴量のビニング

digitizeを使用して指定されたビンbinsをもとにビニングする。ビニングの対象は、データフレームdfのfeature_nameで指定された列に格納されている特徴量である。

②データの変形

機械学習手法に入力するために、ビニング結果をメソッドreshapeにより（データ数, 1）の形に変換する。

③機械学習に用いる特徴量の作成

viewsとlikesをメソッドconcatenateにより連結して2次元の特徴量Xを作成する。

④テストデータと学習データの作成

メソッドtrain_test_splitを用いて、1:9の比率でテストデータと学習データに分割する。train_sizeに0.9を設定することで分割の比率を指定している。

⑤予測対象のビニングのためのビンの定義

予測対象となるコメント数（comment_count）のビニングを行うために、5つの範囲0～100、100～500、500～1,000、1,000～3,000、3,000～1,000,000のビンを定義している。

プログラム3.4の実行結果の一部を図3.4に示す。この例の場合、特徴量をビニングした後に学習・分類を実行することで、特徴量をビニングしない場合よりも約10パーセント高い精度を得ることができた。

3.3 外れ値

観測等により取得したデータが、機械学習で扱いやすいものであるとは限らない。一般に、

```
Result (without binning)
                 precision    recall  f1-score   support

        [0, 100)      0.58      0.64      0.61        72
      [100, 500)      0.46      0.38      0.42       116
     [500, 1000)      0.23      0.24      0.23        66
    [1000, 3000)      0.45      0.48      0.46        95
 [3000, 1000000)      0.69      0.70      0.69       106

        accuracy                          0.50       455
       macro avg      0.48      0.49      0.48       455
    weighted avg      0.50      0.50      0.50       455
```

(a) ビニング無し

```
Result (with binning)
                 precision    recall  f1-score   support

        [0, 100)      0.66      0.79      0.72        72
      [100, 500)      0.59      0.65      0.62       116
     [500, 1000)      0.36      0.29      0.32        66
    [1000, 3000)      0.46      0.44      0.45        95
 [3000, 1000000)      0.75      0.68      0.71       106

        accuracy                          0.58       455
       macro avg      0.56      0.57      0.56       455
    weighted avg      0.58      0.58      0.58       455
```

(b) ビニング有り

〔図3.4〕特徴量のビニングの有無による予測精度の比較結果

統計モデルにぴったりと当てはまるようなデータは稀であり、**外れ値**（outlier）とよばれる、大多数の値からかけ離れた値が含まれることが多い。なお、外れ値の中でも、外れ値となる理由があるものを**異常値**とよぶことがある。外れ値以外の値は既存のデータから観測された分布に属する値であり、**正常値**（inlier）とよぶ。本節では、外れ値の前処理手法について説明する。

3.3.1　外れ値の検出と除去

極端に大きい、または小さい値がデータに含まれていると、機械学習を適切に行うことができなくなる。外れ値を除去する手法として、統計的手法に基づく外れ値検定法や、無条件にデータ分布の両端をカットするトリミング法などがある。

分析者の主観によって、あるデータが外れ値であるか否かを判断すると、分析者の恣意がデータに含まれてしまい、適切な分析ができなくなる。客観的な指標に基づく統計的な手法として、数値データから求めた平均や標準偏差などの指標を用いる手法がある。ただし、このような手法を用いる場合には、データの個数が少ないと安定した指標が得られないこともある。

四分位範囲による外れ値除去

数値データの散らばりの程度を表すことができる**四分位範囲**（interquartile range; IQR）を用いて、外れ値の検出を行うことができる。まず、データを大きさの順に並べ、中央値を境界として2つの範囲に分ける。それぞれの範囲を小さい方から順に前半、後半としたとき、さらに前半および後半を2つに分けて4分割する。このとき、前半の範囲における中央値を**第1四分位数**（25パーセンタイル）、後半の範囲における中央値を**第3四分位数**（75パーセンタイル）とよぶ。**第2四分位数**はデータ全体の中央値である。データを4つの範囲に分ける際に、もし中央値が存在しなければ、前後のデータの平均値を用いる。このようにして得られた第1四分位数と第3四分位数の差を四分位範囲（IQR）とよぶ。四分位範囲の例を図3.5に示す。

IQRと、IQRに1/2をかけた値である**四分位偏差**は、データのばらつきの大きさを表す指標である。通常、第1四分位数からIQRの1.5倍を引いた値を下限、第3四分位数にIQRの1.5倍を足した値を上限として、この範囲外の値を持つデータを外れ値として検出する。この方法には、データが中央に偏ることによって、外れ値が多くなってしまうという問題もある。

プログラム3.5に、数値の範囲指定による方法および統計的な検定を用いる方法（四分位範囲による方法）の例を、ワインの品質に関するデータを用いて示す。このデータには、ワインの品質を10段階に分類したラベルと、アルコール量、クエン酸、pHなどワインの品質に影響する11種類のデータが6,497件含まれている。この例では、scipyのstatsクラスに含まれているメソッドscoreatpercentileを用いて各列の四分位範囲を求め、範囲外のデータ（外れ値）の除去を行っている。

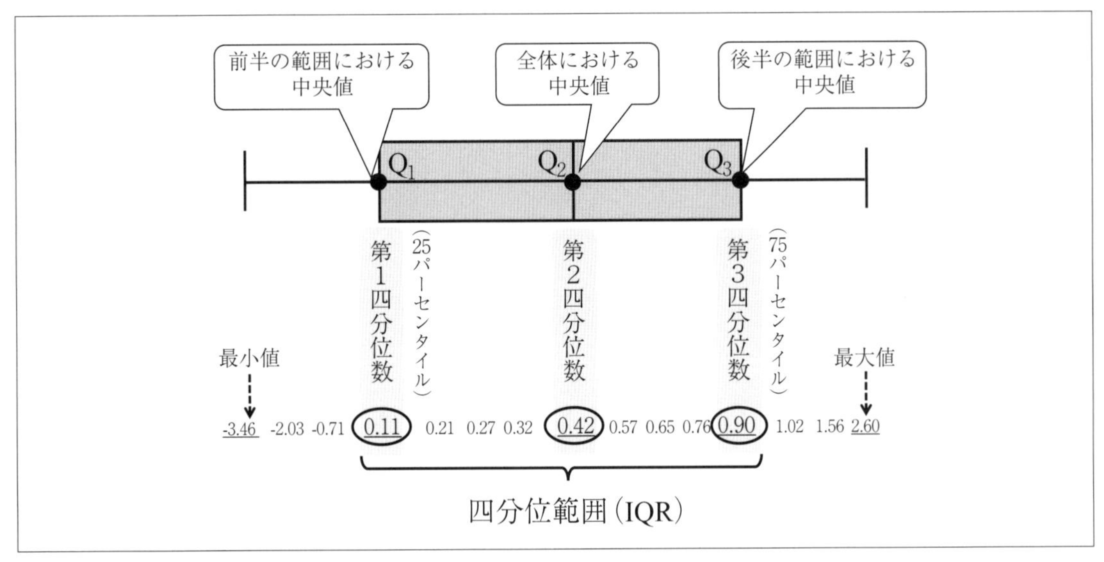

〔図 3.5〕四分位範囲（IQR）

プログラム 3.5

```
import pandas as pd
import numpy as np
# 四分位範囲を求めるためのクラスをインポート
from scipy import stats

# データの準備
def prepare():
    !kaggle datasets download -d rajyellow46/wine-quality
    !unzip wine-quality.zip]

# データの前処理（データフレームに読み込む）
def preprocess():
    df = pd.read_csv('winequalityN.csv')
    # 分析対象とする列
    fields = ['fixed acidity',
              'volatile acidity',
              'citric acid',
              'residual sugar',
              'chlorides',
              'free sulfur dioxide',
              'total sulfur dioxide',
              'density',
              'pH',
              'sulphates',
              'alcohol','quality']
```

```
    # 読み込んだデータの行数
    print('Num. of data: %d' % len(df))
    data = df.loc[:,fields]
    df = pd.DataFrame(data, columns=fields)
    return data, df, fields

# 外れ値検出（範囲指定）
def detect_outlier_range(df, fields):
    # 絶対値が 7.0 より大きい値を含む行を検出
    k = 7.0                                                    ┐
    outlier = df[(np.abs(df)>k).any(1)]                        ├─①
    print('Outliers (%d):' % len(outlier))                     │
    odf = pd.DataFrame(outlier, columns=fields)                ┘
    print(odf[:5])

# 四分位範囲（IQR）による外れ値除去
def detect_outlier_IQR(o_df, fields, target_col):
    df = o_df.loc[:, [target_col]]
    # 第1四分位数（=25 パーセンタイル）
    q1 = stats.scoreatpercentile(df, 25)                       ┐
    # 第3四分位数（=75 パーセンタイル）                          │
    q3 = stats.scoreatpercentile(df, 75)                       │
    # IQR の計算                                               │
    iqr = q3 - q1                                              ├─②
    # 外れ値の範囲を計算する                                     │
    # 第1四分位数（q1）から iqr*1.5 を引く                       │
    iqr_min = q1 - iqr * 1.5                                   │
    # 第3四分位数（q3）に iqr*1.5 を足す                         │
    iqr_max = q3 + iqr * 1.5                                   ┘
    print('Range(Min:{:.3f}, Max:{:.3f})'.format(iqr_min, iqr_max))

    # 範囲から外れている値を除外したデータフレームを作成
    iqr_fsd_df = o_df[(df[target_col]<iqr_max) & (df[target_col]>iqr_min)]         ┐
    iqr_outliers = o_df[(df[target_col]>=iqr_max) | (df[target_col]<=iqr_min)]     ┘─③

    print('Remove outliers by IQR({})'.format(len(iqr_fsd_df)))
    print(iqr_fsd_df[20:31])
    print('Records including Outliers({}):'.format(len(iqr_outliers)))
    print(iqr_outliers.head())
    return iqr_fsd_df

def main():
    prepare()
    data, df, fields = preprocess()
    detect_outlier_range(df, fields)
    # 2つの列に着目し、順番に外れ値除去を行う
```

```
    iqr_fsd_df = detect_outlier_IQR(df, fields, 'total sulfur dioxide')
    detect_outlier_IQR(iqr_fsd_df, fields, 'alcohol')
```

このプログラムでは、IQR に基づく外れ値除去を、列ごとに段階的に行っている。このため、外れ値の除去を行う列の順序が変わると、最終的に得られる結果に多少の違いが生じる。

以下、プログラム 3.5 の重要箇所について説明する。

①範囲指定による外れ値検出

値の範囲を指定（7.0 より大きい値）して外れ値を表示する。ここでは検出した外れ値を格納するためのデータフレーム odf を作成している。

②四分位範囲（IQR）の計算

メソッド scoreatpercentile を用いて第 1 四分位数 q1 と第 3 四分位数 q3 を求め、四分位範囲 iqr を計算する。この iqr をもとに、外れ値の範囲 iqr_max, iqr_min を求める。

③ IQR に基づく外れ値の除去

iqr_min より大きく、iqr_max よりも小さい範囲のデータを、外れ値除去後のデータとして iqr_fsd_df に格納し、iqr_max 以上または iqr_min 以下の範囲のデータを外れ値として iqr_outliers に格納する。

図 3.6 にプログラム 3.5 の実行結果の一部を示す。この例では、外れ値を含むデータが 3 件検出されている。

```
Range(Min:6.800, Max:14.000)
Remove outliers by          IQR(6484)
    fixed acidity  volatile acidity  citric acid  ...  sulphates  alcohol  quality
20            6.2              0.66         0.48  ...       0.39     12.8        8
21            6.4              0.31         0.38  ...       0.35     11.0        7
22            6.8              0.26         0.42  ...       0.48     10.5        8
23            7.6              0.67         0.14  ...       0.51      9.3        5
24            6.6              0.27         0.41  ...       0.47     10.0        6
25            7.0              0.25         0.32  ...       0.50     10.4        6
26            6.9              0.24         0.35  ...       0.44     10.0        6
27            7.0              0.28         0.39  ...       0.53     10.5        6
28            7.4              0.27         0.48  ...       0.49     11.6        6
29            7.2              0.32         0.36  ...       0.71     12.3        7
30            8.5              0.24         0.39  ...       0.53     10.0        6

[11 rows x 12 columns]               外れ値を含んだデータ
Records including Outliers(3):
      fixed acidity  volatile acidity  citric acid  ...  sulphates  alcohol  quality
3918            6.4              0.35         0.28  ...       0.40    14.20        7
4503            5.8              0.61         0.01  ...       0.72    14.05        7
5550           15.9              0.36         0.65  ...       0.84    14.90        5
```

〔図 3.6〕四分位範囲（IQR）を用いた外れ値の検出と除去

次に、pandasのメソッドquantileを用いて各列に対して第1四分位数と第3四分位数を求め、IQRによる外れ値の除去を行う例をプログラム3.6に示す。データは、プログラム3.5で用いたものと同じである。対象となるすべての列に対して順に四分位範囲を求め、外れ値検出および除去を行い、箱ひげ図による可視化を行っている。

プログラム3.6

```
import pandas as pd
import numpy as np
from sklearn.preprocessing import StandardScaler
import matplotlib
%matplotlib inline
import matplotlib.pyplot as plt

# データの準備
def prepare():
    !kaggle datasets download -d rajyellow46/wine-quality
    !unzip wine-quality.zip

# データの前処理（データフレームへの読み込み）
def preprocess():
    df = pd.read_csv('winequalityN.csv')
    fields = ['fixed acidity', 'volatile acidity',
              'citric acid', 'residual sugar',
              'chlorides', 'free sulfur dioxide',
              'total sulfur dioxide','density', 'pH',
              'sulphates', 'alcohol', 'quality']
    data = df.loc[:, fields]
    return data, fields

# 四分位範囲による外れ値の除去
def remove_outlier(data, fields):
    for target_col in fields:
        # 第1四分位数（25パーセンタイル）
        q1 = data[target_col].quantile(0.25)
        # 第3四分位数（75パーセンタイル）
        q3 = data[target_col].quantile(0.75)
        # 四分位範囲                                                              ①
        iqr = q3 - q1
        iqr_min = q1 - 1.5 * iqr
        iqr_max = q3 + 1.5 * iqr
        df_iqr = data.loc[(data[target_col]>iqr_min) & (data[target_col]<iqr_max)]
        data = df_iqr
    return data
```

```
# 箱ひげ図を描く
def disp_box(data, fields):
    plt.figure(figsize=(800,400))
    fig, ax = plt.subplots()
    dt = data.loc[:, fields[5:8]]
    sc = StandardScaler()                  ─┐
    dt = sc.fit_transform(dt)              ─┘──────────── ②
    bp = ax.boxplot(dt,                                  ─┐
        notch=False, sym='+', vert=True, whis=1.5,        │
        positions=None, widths=None,                      │
        patch_artist=False, bootstrap=None,               ├── ③
        usermedians=None, conf_intervals=None)            │
    ax.set_xticklabels(fields)                            │
    plt.xticks(rotation=90)                               │
    plt.show()                                           ─┘

def main():
    prepare()
    data, fields = preprocess()
    print('\n外れ値を除去する前の行数 = {}\n'.format(len(data)))
    # データの可視化
    disp_box(data, fields)
    # 外れ値の除去
    data = remove_outlier(data, fields)
    print('\n外れ値を除去した後の行数 = {}'.format(len(data)))
    # データの可視化
    disp_box(data, fields)
```

以下、プログラム3.6の重要箇所について説明する。

①外れ値の検出と除去

メソッドquantileを用いて、対象となる列（target_col）ごとに第1四分位数および第3四分位数を計算し四分位範囲を求め、データフレームで直接、「&」演算子を用いて値の範囲を指定し、外れ値の除去を行っている。

②データの標準化

対象列のデータを1つのグラフ上に表すために、StandardScalerクラスを用いて標準化を行う。標準化や正規化を行わないと、列ごとの値の範囲が統一されないため、1つのグラフで表した場合に各データが読み取りづらくなる。

③箱ひげ図による可視化

外れ値検出の前後で、標準化された対象列のデータを箱ひげ図（boxplot）により可視化する。箱ひげ図は、最大値、最小値、四分位数の情報を含んだデータの図示の方法の1つである。箱の内側の範囲が四分位範囲（IQR）を表しており、箱から上下にのびている直線の上端は最大値、下端は最小値を表している。

図3.7に、プログラム3.6を実行した結果の一部を示す。3つの特徴量に関して可視化した外れ値除去後の箱ひげ図 (b) をみると、データから外れ値が除外されていることがわかる。

スミルノフ・グラブス検定

統計的手法に基づく**スミルノフ・グラブス検定**（Smirnov-Grubbs' test）は、正規分布に従うデータに対する検定手法であり、外れ値検出に用いることができる。平均値からの距離が最も大きいデータに対し、標準偏差σで割った値を求める。この値をもとに外れ値をデータ集合から除外する。この操作を繰り返すことによって、外れ値のないデータの作成を行う。データ数n、有意水準αに対し、自由度$n-2$のt分布の上側$\alpha/n\times100$パーセンタイルを$t_{\alpha/n}$としたときに、以下の式 (3-5) により計算されるτを有意点とする。平均値からの距離が最大となるデータx_iについて、t_iを式 (3-6) により求める。$\bar{x}$は標本平均を示す。$t_i<\tau$のときは、帰無仮説を棄却できないため、x_iを外れ値とみなすことはできない。また、$t_i\geq\tau$のときは、帰無仮説を棄却できるため、x_iを外れ値とみなすことができる。最小値についても、同様の手順で外れ値を検出する。なお、スミルノフ・グラブス検定は、正規分布とまったく異なる分布をしているデータセットに対しては、ほとんどのデータが外れ値になってしまうという問題点がある。

$$\tau=\left(n-1\right)\sqrt{\frac{t_{\alpha/n}^2}{n(n-2)+nt_{\alpha/n}^2}} \qquad \cdots\cdots (3\text{-}5)$$

$$t_i=\frac{\left|x_i-\bar{x}\right|}{\sigma} \qquad \cdots\cdots (3\text{-}6)$$

以下に、スミルノフ・グラブス検定による外れ値除去を行う具体例を示す。プログラム3.7は、outlier_utilsというライブラリに含まれるメソッドsmirnov_grubbsを用いて外れ値除去を行う

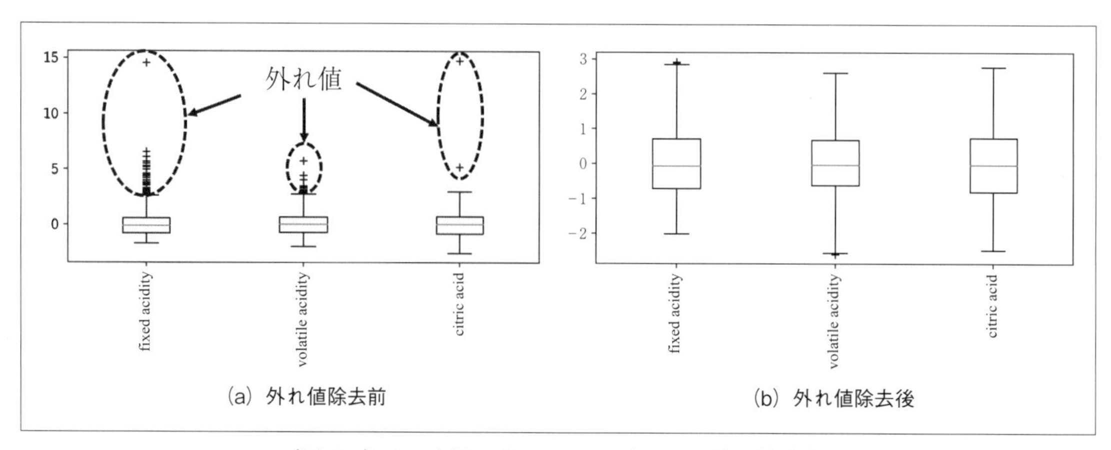

〔図3.7〕IQRを用いたワインのデータの外れ値除去

例である。使用データは、2014年から2019年の間に収集された約60万件の医薬品の販売データから構築したものであり、販売日時、医薬品のブランド名、医薬品の種類、販売数量についての集計データ（1時間ごと、1日ごと、週ごと、月ごとにファイルが分かれている）が登録されている。この中で、1日ごとに集計された販売データを用いて、外れ値を除去する前後のデータで作成した箱ひげ図を比較する。

プログラム 3.7

```
# スミルノフ・グラブス検定用のライブラリをインストール
!pip install outlier_utils
import pandas as pd
import numpy as np
from outliers import smirnov_grubbs as grubbs
from sklearn.preprocessing import StandardScaler
import matplotlib
%matplotlib inline
import matplotlib.pylab as plt

# データの準備
def prepare():
    !kaggle datasets download -d milanzdravkovic/pharma-sales-data
    !unzip pharma-sales-data.zip

# データフレームの作成（外れ値も除去）
def preprocess():
    df = pd.read_csv('salesdaily.csv')
    odf = df

    # 特徴量は各医薬品の売り上げデータ
    features = ['M01AB','M01AE','N02BA','N02BE',
                'N05B','N05C','R03','R06']

    for f in features:
        # スミルノフ・グラブス検定による外れ値除去
        # alpha は式 (3.5) における（統計的有意性）を示す
        res = grubbs.test(df.loc[:,[f]].values, alpha=0.05) ――――――①
        print('[{}] {} Removed:{}'.format(f, res, len(odf)-len(res)))
        # 検出された外れ値を除外したデータからデータフレームを作成
        df = df[df[f].isin(res)]
    df = pd.DataFrame(df,columns=features)
    return odf, df, features

# 箱ひげ図の作成
def disp_box(data, fields, flag):
    plt.figure(figsize=(700,300))
```

```
    fig, ax = plt.subplots()
    dt = data.loc[:, fields]
    sc = StandardScaler()
    dt = sc.fit_transform(dt)

    bp = ax.boxplot(dt,
            notch=False, sym='+', vert=True, whis=1.5,
            positions=None, widths=None,
            patch_artist=False, bootstrap=None,
            usermedians=None, conf_intervals=None)
    ax.set_xticklabels(fields)
    plt.xticks(rotation=90)
    if flag == 0:
        plt.title('Without Smilnov grabbs test')
    else:
        plt.title('With Smilnov grabbs test')
    plt.show()

def main():
    prepare()
    od, df, features = preprocess()
    # スミルノフ・グラブス検定を行わずに箱ひげ図を作成
    disp_box(od, features, flag=0)
    # スミルノフ・グラブス検定により外れ値除去後に
    # 箱ひげ図を作成
    disp_box(df, features, flag=1)
```

（②：dt = data.loc[:, fields] ～ dt = sc.fit_transform(dt)、③：bp = ax.boxplot(dt, ～ plt.show()）

以下、プログラム3.7の重要箇所について説明する。

①スミルノフ・グラブス検定による外れ値の除去

スミルノフ・グラブス検定を、メソッドgrubbs.testを用いて行い、外れ値を検出する。統計的有意性αを表すパラメータalphaには0.05を指定している。

②対象データの標準化

1つのグラフ上で可視化するための前準備として、StandardScalerクラスを用いて対象列（fields）に対して標準化を行っている。

③箱ひげ図によるデータの可視化

標準化された対象列のデータを箱ひげ図（boxplot）により可視化する。箱ひげ図上では、最大値より大きい値、または、最小値より小さい値は、引数symで指定している記号「+」で表される。

プログラム3.7では、スミルノフ・グラブス検定により、各列で外れ値と判定された値を含んだデータを削除する。図3.8に、プログラム3.7の実行結果の一部を示す。箱ひげ図（b）をみると、外れ値が除去されていることが確認できる。スミルノフ・グラブス検定では、外れ値

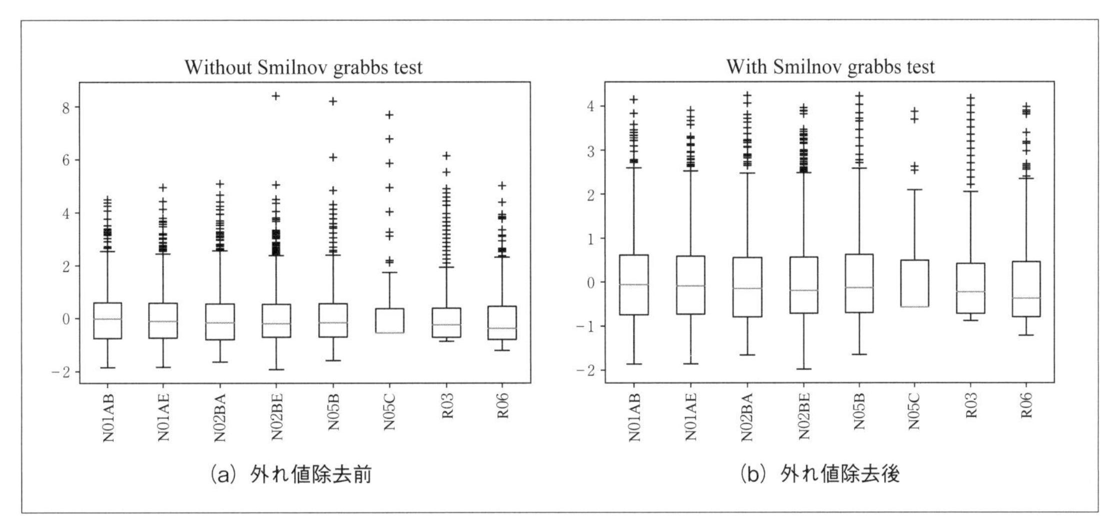

〔図 3.8〕スミルノフ・グラブス検定による売上データの外れ値除去

の検出の際に四分位範囲を用いていないため、箱ひげ図のひげの外側の値の多くが外れ値として検出されずに残っている。

3.3.2　四分位範囲を用いた外れ値に頑健な標準化

すでに述べたとおり、外れ値除去手法を用いると、特定の列が外れ値であるデータを除外してしまうため、外れ値でない項目で重要な情報が欠落してしまうことがある。また、外れ値の中には、有益な外れ値もあり、やみくもに除外してしまうことは避けたほうがよい。

3.1 節で述べたように、機械学習の前処理として、標準化や正規化は欠かすことができないが、外れ値を含んだまま標準化を行うと、結果に大きな影響を与えることがある。できるだけ外れ値を除外せずに、何らかの方法によって外れ値の影響を小さくしたい。外れ値に頑健な標準化を行う方法として、データの四分位点を基準に標準化を行う方法がある。x を元のデータ、x' を四分位点をもとに標準化したデータ、q_1, q_2, q_3 を x の第 1、第 2、第 3 四分位点としたとき、式 (3-7) により標準化を行う。

$$x' = \frac{x - q_2}{q_3 - q_1} \quad \cdots\cdots (3\text{-}7)$$

プログラム 3.8 では、sklearn の RobustScaler クラスを用いた外れ値に頑健な標準化と通常の標準化手法を比較している。このプログラムは、携帯電話の仕様やメーカの情報からその携帯電話の価格を予測するものである。価格は「price_range」の列に離散化された値として登録されている。

プログラム 3.8

```
import sys
import numpy as np
import pandas as pd
from sklearn.svm import SVC
# 標準化、正規化用のクラスをインポート
from sklearn.preprocessing import RobustScaler, \
                    MinMaxScaler, StandardScaler
from sklearn.model_selection import train_test_split
from sklearn.metrics import accuracy_score

# データの準備
def prepare():
    !kaggle datasets download -d \
    iabhishekofficial/mobile-price-classification
    !unzip mobile-price-classification.zip
    data = pd.read_csv('train.csv')
    # 分類に使用する特徴量
    features = []
    for f in data.columns.values:
        if f != 'price_range':
            features.append(f)
    X = data.loc[:, features].values
    y = data.loc[:, ['price_range'] ].values.ravel()
    return X, y, features

# 標準化・正規化 (3 種類の方法 )
def preprocess(X_train, X_test, scaler_type):
    if scaler_type == 'robust':                    ┐
        scaler = RobustScaler()                    │
    elif scaler_type == 'standard':                │
        scaler = StandardScaler()                  │
    elif scaler_type == 'minmax':                  ├──①
        scaler = MinMaxScaler()                    │
    scaler.fit(X_train)                            │
    X_train_rs = scaler.transform(X_train)         │
    X_test_rs = scaler.transform(X_test)           ┘
    return X_train_rs, X_test_rs

# SVM でのモデル学習および予測と評価
def svm_test(X_train, y_train, X_test, y_test):
    clf = SVC()
    clf.fit(X_train, y_train)
    y_pred = clf.predict(X_test)
    print('\nClassification Accuracy: %.3lf' % accuracy_score(y_test, y_pred))

def main():
```

```
X_train, y_train, features = prepare()
X_train, X_test, y_train, y_test = train_test_split( \
    X_train, y_train, train_size=0.7, random_state=1)
# 通常の標準化を行い、SVMで分類し、Accuracy算出
X_train_sc, X_test_sc = preprocess(X_train, X_test, 'standard')
print('<<StandardScaler>>')
print(X_train_sc)
svm_test(X_train_sc, y_train, X_test_sc, y_test)
# MinMaxScalerで正規化を行った後、
# SVMで学習・分類し、Accuracy算出
X_train_ms, X_test_ms = preprocess(X_train, X_test,'minmax')
print('<<MinMaxScaler>>')
print(X_train_ms)                                              ―②
svm_test(X_train_ms, y_train, X_test_ms, y_test)
# 外れ値に頑健な標準化(RobustScaler)を行い、
# SVMでモデルを学習し、予測結果からAccuracy算出
X_train_rs, X_test_rs = preprocess(X_train, X_test, 'robust')
print('<<RobustScaler>>')
print(X_train_rs)
svm_test(X_train_rs, y_train, X_test_rs, y_test)
```

以下、プログラム3.8の重要箇所について説明する。

①標準化と正規化

3種類の方法を用いて標準化または正規化を行う。外れ値に頑健な標準化RobustScaler、通常の標準化StandardScaler、正規化MinMaxScalerを用いる。

② SVMによる精度評価

StandardScalerで標準化、MinMaxScalerで正規化、RobustScalerで標準化し、それぞれSVMにより予測モデルを学習して精度評価を行っている。

図3.9にプログラム3.8の実行結果の一部を示す。実行結果より、RobustScalerによる標準化を用いた前処理を行うと、StandardScalerによる標準化やMinMaxScalerによる正規化を用いた前処理よりも、精度の高い予測モデルが得られていることがわかる。RobustScalerによる標準化は、MinMaxScalerによる正規化よりも、外れ値が予測に及ぼす影響を抑えることができたと考えられる。

3.4　欠損値

データの種類にもよるが、ノイズが混入しない理想的な環境、条件、機器により取得したデータでない限り、外部からのノイズやセンサの不調、故障などによるデータの破損は避けられない。データが正常に観測できずに一部またはすべて欠落してしまったものを**欠損値**（missing

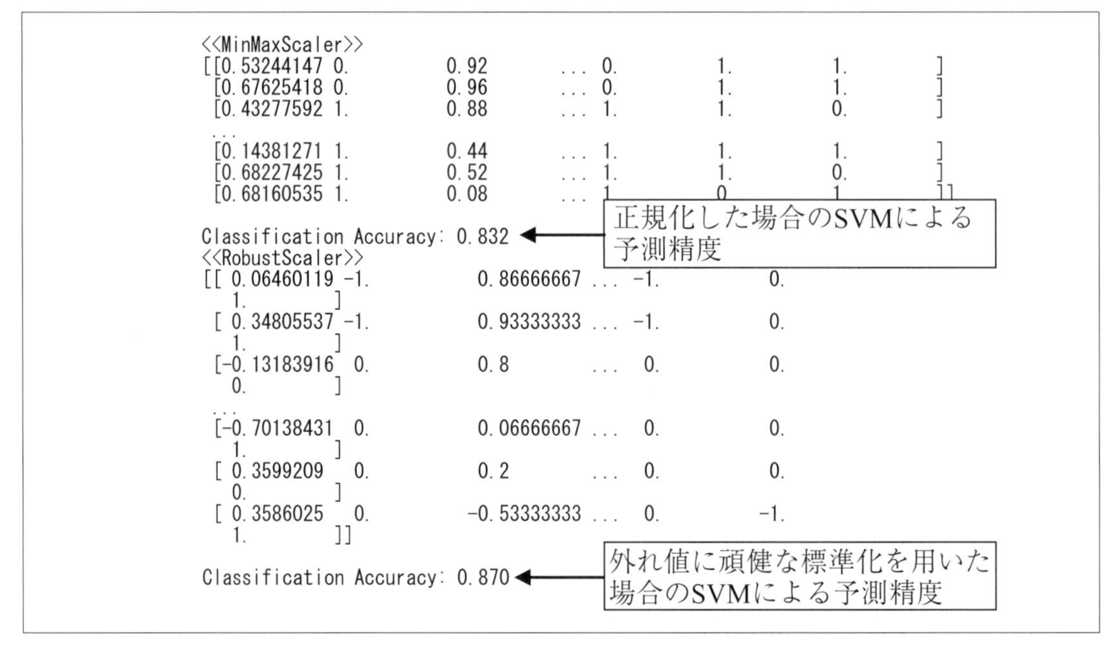

〔図 3.9〕外れ値を含むデータを用いたスケーリング方法の比較

value）とよび、削除するか、あるいは補完の対象となる。本節では、欠損値の前処理について述べる。

3．4．1　欠損値の扱い

現実のデータには、情報の一部または全部が欠損・欠落しているものが含まれている場合がある。欠損の原因として、元々値が存在していない場合、その値が観測できない場合（アンケートでその項目に対する回答が無い）や、値の取得に失敗した場合などがある。いずれの場合でも、機械学習で扱うことができるようにするためには、欠損値を含んだデータを前処理する必要がある。欠損の種類は、以下の３つに大別することができる。

MCAR（missing completely at random）

偶発する完全にランダムな欠損。欠損するデータとまったく関係なく独立して発生するような欠損であり、例として、取得したデータが、そのデータとは無関係なノイズにより破損している場合などがあげられる。

MAR（missing at random）

欠損したデータの項目の種類とは関係なく、他のデータ項目の状態に依存して発生する欠損である。例として、気温がある一定以上高くなることで乾湿センサの動作に異常が起きやすくなり、湿度データが破損する確率が高くなるような場合である。

MNAR（missing not at random）

欠損した項目データに依存した欠損である。たとえば、ある一定の範囲の音量の音声の周波数のみを取得する録音機器を用いてデータを取得するときに、範囲外の音量の音声の周波数が取得されないような場合（ただし、音量の項目を同時に取得していないことが条件）である。

MCARによる欠損値が多い場合や、欠損値を含むデータ自体が少ない場合には、欠損値を含むデータを分析対象からすべて除外して分析する方法（**完全ケース分析**; complete-case analysis）がとられることが多い。しかし、対象データに欠損値を含むデータが多すぎると、完全ケース分析を用いることが難しくなる。

欠損値を前処理せずにそのまま扱うことが可能な機械学習のライブラリ（xgboost, LightGBMなど）も存在するが、通常は欠損値を未処理のまま扱うことはできない。欠損値を含むデータをデータセットから削除する**リストワイズ除去**（list-wise case deletion）や、2つの特徴量を用いて相関係数などを計算する際にどちらか（あるいは両方）が欠損している場合にデータセットからそのデータを削除する**ペアワイズ除去**（pair-wise case deletion）、欠損値を多く含む列自体をデータセットから削除する方法などがある。しかし、評価データに欠損値を含む場合には、このような方法を用いることができない。欠損値を除外しない方法としては、欠損値をその特徴量の平均値などの代表値で埋める**単一代入法**（single imputation）や、欠損値をほかの特徴量から予測することで補完する**多重代入法**（multiple imputation）などがある。

プログラム3.9では、pandasのメソッドisnull, dropna, fillnaなどを用いて、欠損値の有無の確認および欠損値を含むデータの除外と欠損値を別の値に置換する例を示す。対象とするデータは、インドの降雨量に関する統計データである。1か月間ごと、1年ごと、季節ごとの降雨量を集計したものであり、欠損値が含まれている。

プログラム 3.9

```
import pandas as pd
import numpy as np

# データの準備
def prepare():
    !kaggle datasets download -d rajanand/rainfall-in-india
    !unzip rainfall-in-india.zip

# データの読み込み
def preprocess():
    # CSV ファイルを読み込んでデータフレームに格納
    df = pd.read_csv('rainfall in india 1901-2015.csv')
    # データフレームから特定の列のみを抽出
    # (1 月～ 12 月のデータ)
```

```
    data = df.iloc[:,2:14]
    col = df.columns.values[2:14]
    df = pd.DataFrame(data, columns=col)
    print('Original Data:\t%d' % len(df))
    return df

# 欠損値の削除
def drop_missing_data(data):
    # 欠損している要素数を列ごとに確認
    data.isnull().sum()
    data.info()
    # リストワイズ法で欠損値を含む行を削除する
    print('Missing Value Removed Data:\t%d' % len(data.dropna()))    ①
    # 欠損値を別のデータで埋める
    print('\n===== Fill by FILL =====')
    print( data.fillna('FILL')[20:30] )
    print('\n===== Fill by 100 =====')
    print(data.fillna(100)[20:30])

# 代表値による代入
def insert_typical_value(df, comp_type):
    print('\n===== Fill by {} ====='.format(comp_type))
    for f in df.columns.values:
        if comp_type == 'mean':
            # 平均値で穴埋め
            df[f].fillna(df[f].mean(), inplace=True)    ②
        elif comp_type == 'median':
            # 中央値で穴埋め
            df[f].fillna(df[f].median(), inplace=True)    ③
        elif comp_type == 'mode':
            # 最頻値で穴埋め
            df[f].fillna(df[f].mode()[0], inplace=True)    ④
    return df

def main():
    prepare()
    data = preprocess()
    # 欠損値の除去
    drop_missing_data(data)
    for comp_type in ['mean', 'median', 'mode']:
        dt = preprocess()
        res = insert_typical_value(dt, comp_type)
        print(res[20:30])
```

注意：dropna() や fillna() を実行するだけではデータの欠損の処理の結果が元の DataFrame に反映されないため、データの上書き（代入）が必要である。また、inplace オプションを True

に設定することでも上書きが可能である。

例）data = data.fillna('FILL')

または、data.fillna('FILL', inplace=True)

以下、プログラム 3.9 の重要箇所について説明する。

①欠損値の確認と補完

data.isnull().sum() により、欠損している要素数をカウントしている。また、data.info() により、データの全要素数などを確認している。len(data.dropna()) によって、欠損値を削除した後のデータ数を求めている。data.fillna('FILL')[20:30] により、欠損値を 'FILL' で穴埋めしたデータの一部を表示している。data.fillna(100)[20:30] により、欠損値を 100 で穴埋めしたデータの一部を表示している。

②平均値による欠損値の補完

fillna の引数として df[f].mean() を与えている。これは、データフレーム df の列 f の平均値であり、欠損値をこの値で置換する。また、引数 inplace に True を設定することで、欠損値補完後のデータで、欠損値補完前のデータを上書きする。

③中央値による欠損値の補完

fillna の引数に、データフレーム df の列 f の中央値を求める df[f].median() を与えている。②と同様に、引数 inplace に True を指定してデータの上書きを行っている。

④頻出値による欠損値の補完

fillna の引数に、データフレーム df の列 f の頻出値を求める df[f].mode() を与えている。②、③と同様に、引数 inplace に True を指定してデータの上書きを行っている。

プログラム 3.9 の実行結果の一部を図 3.10 に示す。ここでは、欠損値を各列の平均値や中央値で置き換えることにより補完している。

３．４．２　欠損値補完手法の比較

データ中の欠損値が多い場合に、前述のリストワイズ法による処理（リストワイズ除去）を行うと、一見、データが完全な状態になり、統計処理や機械学習を行うことができるようになる。しかし、仮に、欠損値を含むデータが全体の 9 割を占めているとすれば、リストワイズ除去を行うと、本来のデータとはかけ離れたものになってしまう。また、欠損値が多く含まれるデータに対し、定数や代表値などによる単一代入法での補完を行うと、これらの値がデータ中に極端に増えてしまうため、本来のデータの傾向を反映したものではなくなってしまう。以上のような問題点を回避するために、多重代入法を用いて欠損データの処理（欠損値の補完、埋め込み）を行う方法がある。

平均値（mean）で欠損値を補完

```
===== Fill by mean =====
      JAN     FEB         MAR    APR  ...    SEP    OCT    NOV        DEC
20  245.3    34.3   15.600000  323.1  ...  511.7  162.0  541.0  192.20000
21   79.5     0.0   27.359197   91.3  ...  560.5  131.9  197.4   70.60000
22   28.7     0.0   14.800000   89.7  ...  251.2  331.1  378.6   18.87058
23   36.6     0.0    8.600000   50.4  ...  201.9  249.5  271.5  196.00000
24  122.1     0.0    0.000000    0.5  ...  719.3  443.8  148.4  560.70000
25    3.0    17.5   17.800000  108.6  ...  126.2  327.5  274.1   65.50000
26   50.9    67.6   80.700000  129.3  ...  404.8  444.5   99.5   13.50000
27   74.2   118.4  129.200000   69.8  ...  172.9  413.0  251.5   13.50000
28   87.4   105.4  131.200000   10.9  ...  677.2   82.3  249.4  201.60000
29   25.3     0.0    2.500000    2.5  ...  294.4  368.3   22.8  182.70000

[10 rows x 12 columns]
Original Data:  4116
```

中央値（median）で欠損値を補完

```
===== Fill by median =====
      JAN     FEB    MAR    APR    MAY  ...    AUG    SEP    OCT    NOV    DEC
20  245.3    34.3   15.6  323.1  289.7  ...  307.4  511.7  162.0  541.0  192.2
21   79.5     0.0    7.8   91.3  293.5  ...  182.2  560.5  131.9  197.4   70.6
22   28.7     0.0   14.8   89.7  191.2  ...  290.9  251.2  331.1  378.6    3.0
23   36.6     0.0    8.6   50.4  282.2  ...  278.2  201.9  249.5  271.5  196.0
24  122.1     0.0    0.0    0.5  198.4  ...  523.7  719.3  443.8  148.4  560.7
25    3.0    17.5   17.8  108.6  504.1  ...  370.1  126.2  327.5  274.1   65.5
26   50.9    67.6   80.7  129.3  499.5  ...  391.5  404.8  444.5   99.5   13.5
27   74.2   118.4  129.2   69.8  316.6  ...  644.7  172.9  413.0  251.5   13.5
28   87.4   105.4  131.2   10.9  231.5  ...  446.7  677.2   82.3  249.4  201.6
29   25.3     0.0    2.5    2.5  205.4  ...  571.0  294.4  368.3   22.8  182.7
```

〔図 3.10〕インドの降雨量の代表値による欠損値補完

以下、欠損値を平均値で補完する手法と多重代入法により補完する手法を比較する。それぞれの手法で前処理した後に、ランダムフォレストによる予測を行い、結果を欠損値の補完前後で比べる。使用するデータは、競走馬の生存予測データである。このデータは、競走馬の手術歴、年齢、直腸温、心拍など 27 種類の特徴量から、生存、死亡、安楽死の 3 種類のラベルを予測するものである。

欠損値を平均値や最頻値（代表値）で補完する手法

プログラム 3.10 では、データ全体から欠損値を補完した後に学習データとテストデータに分割している。これに対し、プログラム 3.11 では、データを学習データとテストデータに分割した後に、SimpleImputer クラスを用いて学習データから欠損値の補完を学習したモデルを作成し、このモデルをテストデータに適用して欠損値を補完している。通常、予測を行うたびに、学習データと未知のテストデータを合わせたデータ全体から欠損値補完をするのは効率がよくないため、とくにデータ数が多い場合には後者の方法を用いたほうがよい。

プログラム 3.10

```
import pandas as pd
import numpy as np
from sklearn.ensemble import RandomForestClassifier as RandomForest
from sklearn.model_selection import train_test_split
from sklearn.metrics import classification_report

# データの準備
def prepare():
    !kaggle datasets download -d uciml/horse-colic
    !unzip horse-colic.zip

# データの欠損値の補完
def preprocess():
    df_train = pd.read_csv('horse.csv')
    df_train = df_train.replace('NA', 'NaN')
    # 分類に使用する特徴量
    features = ['surgery', 'age', 'rectal_temp',
                'pulse','respiratory_rate',
                'packed_cell_volume','total_protein',
                'abdomo_protein', 'surgical_lesion',
                'lesion_1','lesion_2','lesion_3','cp_data']
    print(len(df_train))

    # 対象列をデータフレームに格納して、
    # 欠損値を持つ行の数を確認
    df = pd.DataFrame(df_train.loc[:, features], columns=features)
    print('# of Missing Values:\n', df.isnull().any(axis=1).value_counts())   ①

    for f in features:
        # カテゴリ特徴量は最頻値で補完
        if f in ['surgery', 'age', 'temp_of_extremities',
                'surgical_lesion', 'cp_data']:
            df_train[f] = df_train[f].fillna(df_train[f].mode())   ②

        # カテゴリ特徴量以外は平均値で補完
        else:
            df_train[f] = df_train[f].fillna(df_train[f].mean())   ③
```

```
    yesno = {'no':0, 'yes':1}
    # surgery, surgical_lesion, cp_data の
    # 列の値を 0,1 (no/yes) に置換
    for f in ['surgery', 'surgical_lesion', 'cp_data']:
        df_train[f].replace(yesno, inplace=True)
    # age を 0,1 (young/adult) に置換
    df_train['age'].replace({'young':0, 'adult':1}, inplace=True)
    # outcome を 0,1,2 (died/euthanized/lived) に置換
    df_train['outcome'].replace({'died':0,
                                 'euthanized':1,
                                 'lived':2}, inplace=True)
    # 欠損値を補完 / 除去したデータを確認
    print(df_train)
    # 分類に使用するデータを格納
    X_train = df_train.loc[:,features].values
    # outcome ラベルをターゲットに格納
    y_train = df_train['outcome'].values
    # データフレームに格納して、欠損値を確認
    df = pd.DataFrame(X_train, columns=features)
    print('# of Missing Values:\n', df.isnull().any(axis=1).value_counts())
    # 学習データとテストデータに分ける
    # (train:test = 7:3)
    X_train, X_test, y_train, y_test = train_test_split(
                                        X_train, y_train,
                                        train_size=0.7,
                                        random_state=1)
    return X_train, y_train, features

def main():
    prepare()
    X_train, y_train, features = preprocess()
    X_train, X_test, y_train, y_test = train_test_split(
                                        X_train, y_train, train_size=0.7, random_state=1)
    # ランダムフォレストにより学習する
    model = RandomForest(n_estimators=100,
                         max_depth=7,
                         random_state=1).fit(
                         X_train, y_train)
    # 学習したモデルでテストデータを評価し、Accuracy を算出
    print('\nAccuracy: {:.3f}'.format(model.score(X_test, y_test)))
    y_pred = model.predict(X_test)
    target_names = ['died', 'euthanized', 'lived']
    print(classification_report(y_test, y_pred, target_names=target_names))
```

④

以下、プログラム 3.10 の重要箇所について説明する。

①欠損値の確認

欠損値であればTrue、欠損値でなければFalseを返すメソッドisnullを用いて、欠損値（NaN）か否かを判定している。次に、判定された結果に対して、メソッドanyを用いて、引数axisに1を設定することで、欠損値を含む行を検出する。最後に、検出された欠損値を含む行の数をvalue_countsによりカウントしている。

②カテゴリ特徴量の欠損値の最頻値による補完

fillnaでカテゴリ特徴量の補完を行うため、メソッドmodeを用いて列単位で最頻値を求め、欠損値を最頻値で穴埋めしている。

③カテゴリ特徴量以外の欠損値の平均値による補完

fillnaで数値の特徴量の補完を行うため、メソッドmeanを用いて列単位で平均値を求め、欠損値を平均値で穴埋めしている。

④カテゴリ特徴量の数値への変換

機械学習で扱うことができるように、カテゴリ特徴量を数値（通し番号）に置換する処理を行っている。通し番号に大小関係や順序の意味はないため、通常、このようにして得られた数値の平均値や中央値は意味を持たない。

図3.11に、プログラム3.10の実行結果の一部を示す。欠損値を補完することで、3値分類のモデルを学習し、評価を行うことができている。

以下のプログラム3.11では、SimpleImputerクラスを用いて単一代入法により欠損値の補完を行っている。pandasのメソッドfillnaを用いる場合とほとんど同様であるが、SimpleImputerクラスを用いる場合には、あらかじめ既知のデータ（学習データ）をもとに平均値などの代表値を計算したインスタンスを作成しておくことが可能である。一度作成したインスタンスを利用することで、未知のデータに対して同じ代表値を用いて効率的に欠損値の補完を行うことができる。

```
# of Missing Values:
 False    299
dtype: int64

Accuracy: 0.746
              precision    recall  f1-score   support

        died       0.33      0.50      0.40         8
  euthanized       0.86      0.50      0.63        12
       lived       0.84      0.86      0.85        43

    accuracy                           0.75        63
   macro avg       0.68      0.62      0.63        63
weighted avg       0.78      0.75      0.75        63
```

〔図3.11〕fillnaにより欠損値補完したデータでの予測精度の検証

プログラム 3.11

```
# scikit-learn のSimpleImputer を利用する場合
# データの置換等の処理はプログラム3.10と同じであるため省略
# SimpleImputerクラスをインポート
from sklearn.impute import SimpleImputer
import pandas as pd
import numpy as np
from sklearn.ensemble import RandomForestClassifier as RandomForest
from sklearn.model_selection import train_test_split
from sklearn.metrics import classification_report

# データの準備
def prepare():
    !kaggle datasets download -d uciml/horse-colic
    !unzip horse-colic.zip

# データを読込み
def preprocess():
    df_train = pd.read_csv('horse.csv')
    df_train = df_train.replace('NA', 'NaN')
    # 分類に使用する特徴量
    features = [ 'surgery', 'age',
                 'rectal_temp', 'pulse',
                 'respiratory_rate',
                 'packed_cell_volume',
                 'total_protein',
                 'abdomo_protein',
                 'surgical_lesion',
                 'lesion_1', 'lesion_2', 'lesion_3','cp_data']
    print(len(df_train))
    X = df_train.loc[:,features].values
    y = df_train.loc[:,['outcome']].values
    return df_train, X, y, features

# 欠損値を平均値で補完
def replace_mean(df_train, features, simple_imp):
    # outcomeを0,1 (died/euthanized/lived) に置換
    mp = {'died':0, 'euthanized':1, 'lived':2}
    kys = list(mp.keys())
    df_train = df_train[df_train['outcome'].isin(kys)]
    yesno = {'no':0, 'yes':1}
    # surgery, surgical_lesion, cp_data の
    # 列の値を0,1 (no/yes) に置換
    for f in ['surgery', 'surgical_lesion', 'cp_data']:
        df_train[f].replace(yesno, inplace=True)

    # ageを0,1 (young/adult) に置換
    df_train['age'].replace({'young': 0, 'adult': 1}, inplace=True)
```
①

```
    # 分類に使用するデータを格納
    X_train = df_train.loc[:, features].values
    # outcome ラベルをターゲットに格納
    df_y = pd.DataFrame(
            df_train.loc[:,['outcome']].values,
            columns=['outcome'])
    y_train = df_y.replace(mp).values.ravel()

    # 欠損値 (NaN) を平均値に置換
    if simple_imp == None:
        simple_imp = SimpleImputer(missing_values=np.nan, strategy='mean')
    simple_imp.fit(X_train)
    X_train = simple_imp.transform(X_train)
    df = pd.DataFrame(X_train, columns=features)
    # 欠損値の状態を確認
    print('# of Missing Values:\n', df.isnull().any(axis=1).value_counts())
    return X_train, y_train, simple_imp

def main():
    prepare()
    df_train, X, y, features = preprocess()
    # 学習データとテストデータに分ける
    #(train:test = 7:3)
    X_train, X_test, y_train, y_test = train_test_split(
                                  X, y,
                                  train_size=0.7,
                                  random_state=1)
    # 学習データの欠損値補完
    fc = features + ['outcome']
    df_train = pd.DataFrame(np.concatenate(
      (X_train,y_train), axis=1), columns=fc)
    X_train, y_train, simple_imp = replace_mean(df_train, features, None)

    # テストデータの欠損値補完
    # ( 学習データを用いて作成した simple_imp による補完 )
    fc = features + ['outcome']
    df_test = pd.DataFrame(np.concatenate(
        (X_test, y_test), axis=1), columns=fc)
    X_test, y_test, _ = replace_mean(df_test, features, simple_imp)
    # ランダムフォレストで学習
    model = RandomForest(n_estimators=100,
                    random_state=1,
                    max_depth=7).fit(
                    X_train, y_train)
    print('Accuracy: {:.3f}'.format(model.score(X_test, y_test)))
    y_pred = model.predict(X_test)
```

②: 分類に使用するデータを格納 … columns=['outcome'])
③: simple_imp = SimpleImputer(...) … X_train = simple_imp.transform(X_train)

```
target_names = ['died', 'euthanized', 'lived']
print(classification_report(y_test, y_pred,target_names=target_names))
```

以下、プログラム3.11の重要箇所について説明する。

①カテゴリ特徴量の数値への変換

カテゴリ特徴量をカテゴリの種類を区別できる数値（通し番号）に置き換える。df_train[df_train['outcome'].isin(kys)]では、予測ターゲットのカテゴリ特徴量の値が、辞書mpのキーを要素としたリストkys（'died', 'euthanized', 'lived'の3種類）に含まれるものだけに絞り込んでいる。

②予測ターゲットのカテゴリ特徴量を数値に変換

予測ターゲット（outcome）におけるカテゴリ特徴量をメソッドreplaceを用いて数値に置換している。ここでmpは、カテゴリ特徴量の文字列に数値を対応付けた辞書である。

③ SimpleImputerを用いた欠損値の補完

SimpleImputerのメソッドfit, transformにより、データの欠損値を補完している。ここでは、該当する列の平均値を用いた補完を行っている。

このプログラムでは、カテゴリ特徴量は数値（通し番号）に変換して扱い、欠損値をこれらの数値の平均値で補完している。このため、もし、この平均値が他のカテゴリ特徴量の通し番号と重複しなければ、欠損値が元々のデータには存在していない新しいカテゴリ特徴量のように扱われることになる。図3.12に示す結果をみると、プログラム3.10（カテゴリ特徴量の欠損値を最頻値で穴埋め）の結果と比較しても精度が低下していない。後でも述べるが、欠損値を今回の例のようにほかのカテゴリとは異なる別の数値で表すことによって、欠損していること自体を特徴量のように扱うことも可能である。この場合、機械学習手法の性質にも依存するが、欠損値を含む行や列をまるごと除去するよりもよい結果が得られる場合がある。

```
# of Missing Values:
 False    209
dtype: int64
# of Missing Values:
 False    90
dtype: int64
Accuracy: 0.789
              precision    recall  f1-score   support

        died       1.00      0.54      0.70        28
  euthanized       0.60      0.33      0.43         9
       lived       0.76      1.00      0.86        53

    accuracy                           0.79        90
   macro avg       0.79      0.62      0.66        90
weighted avg       0.82      0.79      0.77        90
```

〔図3.12〕SimpleImputerにより欠損値補完したデータでの精度評価

欠損値を多重代入法で補完する手法（KNNImputer を用いた例）

次に、カテゴリ特徴量が欠損している場合の対処法について述べる。カテゴリ特徴量の場合には、一般に、平均値や中央値などの代表値を用いることができない。最頻値を用いることは可能であるが、データの分布によっては必ずしも最頻値が適しているわけではないため、あまりよい解決方法ではない。このようなときには、欠損している特徴量を、欠損していない特徴量から予測することで欠損値を補完する多重代入法を用いる。多重代入法を用いたカテゴリ特徴量の予測には、機械学習手法を用いる。具体的には、欠損していない特徴量間での距離計算を行い、最近傍にある k 個の事例から欠損しているカテゴリ特徴量を予測する k- 近傍法による方法がある。以下、プログラム 3.12 に、sklearn の KNNImputer クラスによる k- 近傍法を用いた多重代入法の例を示す。

プログラム 3.12

```
# データの準備と読み込みなどはプログラム 3.11 と同じであるため省略
# KNNImputer クラスをインポート
from sklearn.impute import KNNImputer

# KNNImputer による補完
def replace_knn(df_train, features, imp):
    # outcome を 0,1,2 (died/euthanized/lived) に置換
    mp = {'died':0, 'euthanized':1, 'lived':2}
    kys = list(mp.keys())
    df_train = df_train[df_train['outcome'].isin(kys)]
    yesno = {'no':0, 'yes':1}
    # surgery, surgical_lesion, cp_data の
    # 列の値を 0,1 (no/yes) に置換
    for f in ['surgery', 'surgical_lesion', 'cp_data']:
        df_train[f].replace(yesno, inplace=True)
    # age を 0,1 (young/adult) に置換
    df_train['age'].replace({'young': 0, 'adult': 1}, inplace=True)
    # 分類に使用するデータを格納
    X_train = df_train.loc[:, features].values
    # outcome ラベルをターゲットに格納
    df_y = pd.DataFrame(df_train.loc[:,['outcome']].values, columns=['outcome'])
    y_train = df_y.replace(mp).values.ravel()
    # データフレームに格納して、
    # 欠損値が無くなっていることを確認
    df = pd.DataFrame(X_train, columns=features)
    print('# of Missing Values:\n', df.isnull().any(axis=1).value_counts())
    if imp == None:
        # n_neighbors: 補完の際に使用する近傍のサンプル数
        imp = KNNImputer(n_neighbors=3)  ┐
    imp.fit(X_train)                     ├──── ①
    X_train = imp.transform(X_train)     ┘
    return X_train, y_train, imp
```

```
def main():
    prepare()
    df_train, X, y, features = preprocess()
    # 学習データとテストデータに分ける (train:test = 7:3)
    X_train, X_test, y_train, y_test = train_test_split(X, y, train_size=0.7, random_state=1)
    fc = features + ['outcome']
    df_train = pd.DataFrame(np.concatenate((X_train,y_train), axis=1), columns=fc)
    X_train, y_train, imp = replace_knn(df_train, features, None) ――――――――②
    fc = features + ['outcome']
    df_test = pd.DataFrame(np.concatenate((X_test, y_test), axis=1), columns=fc)
    X_test, y_test, _ = replace_knn(df_test, features, imp) ――――――――――③
    model = RandomForest(n_estimators=100, random_state=1,
                         max_depth=7).fit(X_train, y_train)
    print('Accuracy: {:.3f}'.format(model.score(X_test, y_test)))
    y_pred = model.predict(X_test)
    target_names = ['died', 'euthanized', 'lived']
    print(classification_report(y_test, y_pred, target_names=target_names))
```

以下、プログラム3.12の重要箇所について説明する。

①*k*-近傍法を用いた特徴量の欠損値補完

KNNImputerクラスのインスタンスを生成し、*k*-近傍法による特徴量の補完を行っている。引数n_neighborsに3を指定することで、*k*-近傍法の学習パラメータである近傍数を3としている。

②学習データの欠損値の補完

replace_knnを呼び出し、KNNImputerにより学習データの欠損値の補完を行っている。replace_knnの第3引数にNoneを指定することで、KNNImputerクラスのインスタンスを新規で生成して用いる。また、replace_knnの第3戻り値は、第1引数として与えたデータ（df_train）をもとに学習したKNNImputerクラスのインスタンスであり、impという変数に格納している。

③テストデータの欠損値の補完

replace_knnを呼び出し、KNNImputerによりテストデータの欠損値の補完を行っている。replace_knnの第3引数にimpを指定することで、②で学習したKNNImputerクラスのインスタンスを用いている。

図3.13にプログラム3.12の実行結果の一部を示す。この結果より、代表値による単純な補完（プログラム3.10）よりも精度が改善していることがわかる。しかし、SimpleImputerによる単一代入法よりも全体的な精度は低下している。欠損値が発生する要因はさまざまであるが、欠損値が発生するプロセスのモデル化のために生成モデルを利用する方法もある。今回用いた

```
Accuracy: 0.756
              precision    recall  f1-score   support

        died       0.88      0.50      0.64        28
  euthanized       0.40      0.22      0.29         9
       lived       0.75      0.98      0.85        53

    accuracy                           0.76        90
   macro avg       0.68      0.57      0.59        90
weighted avg       0.76      0.76      0.73        90
```

〔図 3.13〕KNNImputer により欠損値補完したデータでの精度評価

KNNImputer は、最も簡単な教師あり分類法の 1 つである *k*- 近傍法を用いたものであったため、欠損値発生のプロセスまではとらえきれていなかったと考えられる。

3．4．3　意味を持つ欠損値の扱い

欠損値を含むデータを除外したり、代表値や推定した値で補完する方法があることはすでに述べたとおりである。しかし、欠損していること自体に何らかの意味がある場合には、欠損値の補完がかえって機械学習の予測精度に悪影響を与えてしまうこともある。欠損の種類が欠損した項目に依存する MNAR の場合などがこれに該当する。ここでは、欠損値を意味のある値として扱うために、欠損値から新たな特徴量を作成する方法と、欠損値をそのまま扱うことのできる**勾配ブースティング木**（gradient boosting decision tree; GBDT）を使った方法について紹介する。

欠損値から特徴量を作成する方法

欠損値から新たな特徴量を作成するために、ある項目が欠損しているか否かという 2 値の値をとる列を新たに追加する方法がある。データ中に欠損が含まれる列を対象に、新たに列を追加し、欠損している場合に 1、欠損していなければ 0 の値を設定する。

プログラム 3.13 では、欠損値を含んだアワビのデータ（物理的な測定値、たとえば、直径、長さ、重量などから年齢を予測するタスク）に対して前述の方法を用いて新たな特徴量を作成し、雌雄を予測するモデルをランダムフォレストおよび XGBoost により学習し、テストデータによる評価を行う。

プログラム 3.13

```
import pandas as pd
import numpy as np
# XGBoostをインポート
import xgboost as xgb
from sklearn.ensemble import RandomForestClassifier
from sklearn.model_selection import train_test_split
from sklearn.metrics \
```

```
import classification_report, accuracy_score

# データの準備： アワビの物理的観測データ
def prepare():
    !kaggle datasets download -d \
    sibujohn/abalone-missing-values
    !unzip abalone-missing-values.zip

# データフレームを作成する
def makeDataFrame(add_feature=True):
    df = pd.read_csv('abalone-missing-values.csv')
    features = df.columns.values
    df = df[features]
    features = df.columns.values
    # ターゲット
    df['Sex'] = df['Sex'].map({'F':0, 'M':1, 'I':2})
    if add_feature == True:
        nf = []
        tf = {}
        for f in features:                                      ─┐
            c = df[f].isnull().value_counts()                    │
            if True in c:                                        ├─①
                nf.append('{}_NaN'.format(f))                    │
                tf['{}_NaN'.format(f)] = df[f].isnull()         ─┘
        features = np.concatenate((features, nf))
    print(features)
    df.fillna(0, inplace=True) ──────────────────────────────────②
    ndf = pd.DataFrame(columns=features)                        ─┐
    for f in features:                                           │
        if f in df.columns:                                      │
            ndf[f] = df[f]                                       ├─③
        else:                                                    │
            ndf[f] = tf[f]                                       │
            ndf[f] = ndf[f].map({True:1, False:0})              ─┘
    print('Featues: {}'.format(len(features)))
    return ndf, features

def makeTestTrain(df):
    X = df.drop(columns='Sex')
    y = df['Sex']
    X_train, X_test, y_train, y_test = \
     train_test_split(X, y, train_size=0.9, random_state=2)
    # XGBoost用のデータ形式に変換
    dtrain = xgb.DMatrix(X_train, label=y_train)
    dtest = xgb.DMatrix(X_test)
    return dtrain, dtest, X_train, X_test, y_train, y_test
```

```
def main():
    prepare()
    # 特徴量を追加しない (add_feature=False)
    df, features = makeDataFrame(add_feature=False)
    print(df)
    # XGBoost 用のパラメータ
    param = {'max_depth': 2,
             'eta': 1,
             'objective': 'multi:softmax',
             'num_class': 3}
    # アワビの雌雄 (F: 雌、M: 雄、I: 幼生)
    target_names = ['F', 'M', 'I']
    dtrain, dtest, X_train, X_test, y_train, y_test = makeTestTrain(df)
    num_round = 10
    clf = RandomForestClassifier(
          random_state=6,
          n_estimators=50, max_depth=4)
    bst = xgb.train(param, dtrain, num_round)
    clf.fit(X_train, y_train)
    y_pred_rf = clf.predict(X_test)
    y_pred_xgb = bst.predict(dtest)
    print('not use additional feature')
    print('RF Accuracy: {:.3f}'.format(accuracy_score(y_test, y_pred_rf)))
    print(classification_report(y_test, y_pred_rf, target_names=target_names))
    print('XGB Accuracy: {:.3f}'.format(accuracy_score(y_test, y_pred_xgb)))
    print(classification_report(y_test, y_pred_xgb, target_names=target_names))
    # 特徴量を追加する (add_feature=True)
    df, features = makeDataFrame(add_feature=True)
    print(df)
    dtrain, dtest, X_train, X_test, y_train, y_test = makeTestTrain(df)
    bst = xgb.train(param, dtrain, num_round)
    clf = RandomForestClassifier(
          random_state=6, n_estimators=50,
          max_depth=4)
    clf.fit(X_train, y_train)
    y_pred_rf = clf.predict(X_test)
    y_pred_xgb = bst.predict(dtest)
    print('\nuse additional feature')
    print('RF Accuracy: {:.3f}'.format(accuracy_score(y_test, y_pred_rf)))
    print(classification_report(y_test, y_pred_rf, target_names=target_names))
    print('XGB Accuracy: {:.3f}'.format(accuracy_score(y_test, y_pred_xgb)))
    print(classification_report(y_test, y_pred_xgb, target_names=target_names))
```

以下、プログラム 3.13 の重要箇所について説明する。

①欠損値が含まれる列から新たな特徴量を作成

まず、1つでも欠損値が含まれている列を、データ中から isnull().value_counts() を用いて検出する。次に、検出された列の値が欠損値であるか否かの2値の値をとる特徴量の列を新たに追加する。追加される特徴量の列の名前は'{}_NaN'.format(f)としている。最後に、tf['{}_NaN'.format(f)] = df[f].isnull()により、すべてのデータに対し、新たに追加された列'{}_NaN'.format(f)に対応する列fの値が欠損値ならTrue、欠損値でなければFalseの値が登録される。

②欠損値の補完

欠損値が含まれたデータのままだとRandomForestClassifierクラスでは扱うことができないため、fillnaを用いて欠損値を0で補完している。

③追加した特徴量を含む新たなデータフレームの作成

新たに追加した特徴量を加えて新しいデータフレームを作成している。追加した特徴量の値はTrueまたはFalseであるため、機械学習で扱うことができるように、それぞれ1と0に変換している。

図3.14に、プログラム3.13の結果の一部を示す。まず、ランダムフォレストを用いた場合、欠損値を含む列から新たに欠損値か否かを表す2値の特徴量を作成し追加することで、特徴量を追加しない場合の(a)よりも精度向上がみられる。一方で、XGBoostを用いると、特徴量を追加しない場合(a)と特徴量を追加した場合(b)とでまったく同じ結果となった。勾配ブースティング木に基づくXGBoostは、デフォルトの設定で、欠損値を補完しなくても損失が下がるように欠損値を考慮した学習を行うことができるため、欠損値か否かを表す特徴量を新たに追加しても結果に差が出なかったと考えられる。

欠損値をそのまま扱う方法

欠損値をそのまま扱うことができる方法として、勾配ブースティング木がある。勾配ブースティング木は、勾配降下法、決定木、ブースティング（アンサンブル手法）を組み合わせた手法であり、複数の弱学習木を用いて予測値の誤差を引き継ぐことで誤差を小さくしていく手法である。

Pythonでは、XGBoostやLightGBMなどが勾配ブースティング木のライブラリとして有名である。プログラム3.14では、LightGBMを用いて、欠損値を含むデータに対して予測モデルを作成し精度評価を行う。ここで対象とするデータは、サッカーのビデオゲームシリーズの欧州サッカーの選手の属性データである。この例では、シュート能力やドリブル能力などのステータスデータに基づき利き足が右か左かを2値分類する。

not use additional feature
RF Accuracy: 0.550

	precision	recall	f1-score	support
F	0.46	0.21	0.29	133
M	0.44	0.57	0.50	148
I	0.71	0.85	0.77	137
accuracy			0.55	418
macro avg	0.54	0.55	0.52	418
weighted avg	0.54	0.55	0.52	418

ランダムフォレストを用いた予測精度

XGB Accuracy: 0.562

	precision	recall	f1-score	support
F	0.43	0.23	0.30	133
M	0.46	0.66	0.54	148
I	0.80	0.77	0.79	137
accuracy			0.56	418
macro avg	0.56	0.56	0.54	418
weighted avg	0.56	0.56	0.55	418

XGBoostを用いた予測精度

(a) 特徴量を追加しない場合

use additional feature
RF Accuracy: 0.557

	precision	recall	f1-score	support
F	0.46	0.24	0.32	133
M	0.44	0.57	0.50	148
I	0.73	0.85	0.79	137
accuracy			0.56	418
macro avg	0.55	0.55	0.53	418
weighted avg	0.54	0.56	0.54	418

ランダムフォレストを用いた予測精度

XGB Accuracy: 0.562

	precision	recall	f1-score	support
F	0.43	0.23	0.30	133
M	0.46	0.66	0.54	148
I	0.80	0.77	0.79	137
accuracy			0.56	418
macro avg	0.56	0.56	0.54	418
weighted avg	0.56	0.56	0.55	418

XGBoostを用いた予測精度

(b) 特徴量を追加した場合

〔図 3.14〕欠損か否かを特徴量とする場合としない場合での精度比較

プログラム 3.14

```
import pandas as pd
import re
import numpy as np
import time
from sklearn.linear_model import LogisticRegression
from sklearn.model_selection import train_test_split
from sklearn.metrics import mean_squared_error, roc_curve, auc
from sklearn.metrics import classification_report
# LightGBMを使うためにインポート
import lightgbm as lgb
import matplotlib
%matplotlib inline
import matplotlib.pyplot as plt
# sqlite3のデータを扱うために必要
import sqlite3

# データの準備
def prepare():
    # サッカー選手の属性データ
    !kaggle datasets download -d hugomathien/soccer
    !unzip soccer.zip
    # SQLite3形式で提供されているため、必要なデータを
    # 検索式で取得してDataFrameに格納する
    db_name = 'database.sqlite'                                       ┐
    con = sqlite3.connect(db_name)                                    │
    c = con.execute('SELECT * FROM Player_Attributes')                ├①
    fields = list(map(lambda x: x[0], c.description))                 │
    fields = list(filter(lambda x: re.match(r'.*(id|date|rate)$', x) == None, fields))┘
    print(fields)
    # SELECT結果をDataFrameに格納                                      ┐
    fstr = ', '.join(fields)                                          │
    df = pd.read_sql_query(                                           │
        sql=u"SELECT %s FROM Player_Attributes" % \                   │
        fstr, con=con)                                                ├②
    target_field = 'preferred_foot'                                   │
    df.dropna(subset=[target_field], inplace=True)                    │
    df[target_field] = \                                              │
    df[target_field].map({'left':0, 'right':1}).astype(int)          ┘
    return con, fields, df, target_field

# 学習/テストデータを作成
def make_data(df, target_field, flag):
    # flagが1ならば、すべての欠損値を含むデータを削除
    if flag == 1:
      df.dropna(inplace=True)
    train_set, test_set = train_test_split(
```

```
        df, train_size = 0.95, random_state = 9)
    X_train = train_set.drop(target_field, axis = 1)
    y_train = train_set[target_field]
    X_test = test_set.drop(target_field, axis = 1)
    y_test = test_set[target_field]
    return X_train, X_test, y_train, y_test

# ROC曲線を描く
def makeGraph(auc, fpr, tpr, clfname):
    markers = {'LightGBM':'*',
               'LightGBM_removed':'o',
               'Logistic_Regression':'x'}
    # 見やすくするために、fpr, tpr から間引く
    if markers[clfname] in ['*', 'o']:
        idxs = [i for i in range(len(fpr)) if i % 100 == 0]
        fpr = fpr[idxs]
        tpr = tpr[idxs]
    plt.plot(fpr, tpr, label='ROC curve (area = %.2f) [%s]'\
      % (auc, clfname), marker=markers[clfname], alpha=0.5)
    plt.legend()
    plt.title('ROC curve')
    plt.xlabel('False Positive Rate')
    plt.ylabel('True Positive Rate')
    plt.grid(True)

def lightGBM_train(X_train, y_train, X_test, y_test, X_eval, y_eval, caption):
    # LightGBM用のデータセットに入れる
    lgb_train = lgb.Dataset(X_train, y_train)                          ③
    lgb_eval = lgb.Dataset(X_eval, y_eval, reference=lgb_train)
    # LightGBMのパラメータ設定
    params = {
        'objective' : 'binary',
        'metric': 'auc',
        'task' : 'train',                                               ④
        'boosting_type' : 'gbdt','num_leaves' :6,
        'learning_rate' : 0.05,}

    gbm = lgb.train(params, lgb_train,
                    valid_sets=(lgb_train, lgb_eval),
                    verbose_eval=50,                                    ⑤
                    num_boost_round=1000,
                    early_stopping_rounds=100)
    # テストデータを用いて予測精度を確認する
    y_pred = gbm.predict(X_test)
    fpr, tpr, thresholds = roc_curve(y_test, y_pred)
    auc_score = auc(fpr, tpr)
    print(auc_score)
```

```
    makeGraph(auc_score, fpr, tpr, caption)

def main():
    con, fields, df, target_field = prepare()
    flag = 0
    # LightGBMを使って予測モデルを学習する
    # 欠損値は除去しない
    # (ターゲットが欠損しているもののみ除去)
    X_train, X_test, y_train, y_test = make_data(df, target_field, flag)
    X_train, X_eval, y_train, y_eval = train_test_split(X_train, y_train)
    lightGBM_train(X_train, y_train, X_test, y_test, X_eval, y_eval, 'LightGBM')
    # 欠損値はすべて削除
    flag = 1
    X_train, X_test, y_train, y_test = make_data(df, target_field, flag)
    X_train, X_eval, y_train, y_eval = train_test_split(X_train, y_train)
    # 欠損値を除去したデータでLightGBMを使って予測
    lightGBM_train(X_train, y_train, X_test, y_test, X_eval, y_eval, 'LightGBM_removed')

    # ロジスティック回帰モデルを使って予測
    clf = LogisticRegression(max_iter=1000)
    clf.fit(X_train, y_train)
    y_pred_lr = clf.predict(X_test)
    fpr, tpr, thresholds = roc_curve(y_test, y_pred_lr)
    auc_score = auc(fpr, tpr)
    print(auc_score)
    makeGraph(auc_score, fpr, tpr, 'Logistic_Regression')
    # ROC曲線のグラフをpngファイル形式で保存
    plt.savefig('prog3-14_fig.png', dpi=500)
```

以下、プログラム3.14の重要箇所について説明する。

①モデル作成に使用する列（フィールド）名の取得

SQLite3のデータベースに接続し、フィールド名を取得する。予測モデル作成に用いる特徴量のみをリストfieldsに格納する。

②データフレームの作成

read_sql_queryを用いて対象とするテーブルPlayer_Attributesから、①で作成したfieldsに含まれる列のデータをすべて取得し、データフレームに格納する。

③ LightGBM用のデータを作成

LightGBMでは、学習時に、学習データとは別にバリデーションデータ（検証データ）を準備し、このデータを用いた精度評価を学習ステップのたびに行い、損失値等を確認することで、過学習の抑制を行っている。損失値が下がらない場合に学習を打ち切る方法として、早期打ち切り（early stopping）がある。ここでは、lgb_train（学習データ）とlgb_eval（検証データ）とに分けてデータセットを作成している。

④ LightGBM の学習パラメータの設定

LightGBM で学習を行う際に必要なパラメータを設定している。たとえば、'objective' は、学習するモデルの目的（ここでは 2 値の予測なので 'binary' と設定）を示すパラメータである。

⑤ LightGBM による学習

LightGBM クラスのメソッド train を用いて 2 値分類器を学習している。学習過程（学習データ、検証データそれぞれにおける精度）を何ステップごとに画面表示するかを決定する verbose_eval に 50 を、学習繰り返し回数（イテレーション回数）を決定する num_boost_round に 1,000 を設定している。また、早期打ち切りに基づき、100 ステップごとに学習を打ち切るかどうか判断するため、early_stopping_rounds に 100 を設定している。

プログラム 3.14 の結果の一部を図 3.15 に示す。この結果が示すように、データ中に欠損値を含んだままでも機械学習が可能であることがわかる。しかし、この例では、LightGBM を用いた場合に、欠損値を除去したデータを用いることでより高い精度が得られた。実際のデータにはランダムで発生した意味を持たない欠損値も多いため、データの内容と欠損の発生状況をよく確認したうえで欠損値の除去や補完を行うかどうかを決定すべきである。

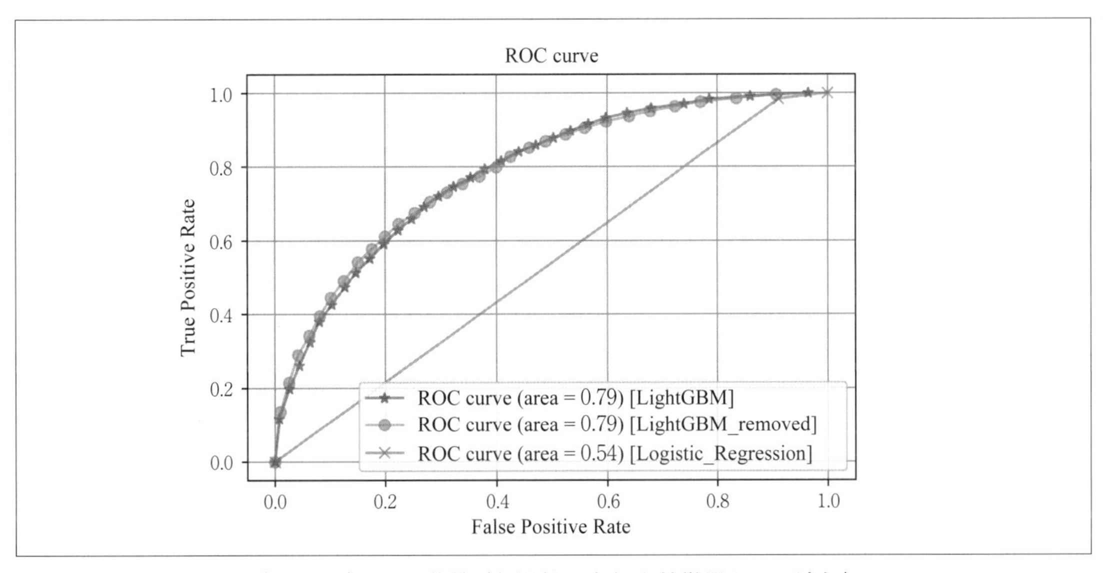

〔図 3.15〕ROC 曲線（欠損値の有無を特徴量として追加）

4章

特徴選択と次元削減

本章では、特徴量の種類が多い場合に予測精度や効率の低下を軽減し、予測結果やモデルの解釈性を向上させることに役立つ特徴選択手法や次元削減手法について紹介する。次元削減は、高次元のデータを2次元あるいは3次元空間中に埋め込み、可視化する際にも用いられる。次元削減によるデータの可視化についても説明する。

4.1　特徴選択

機械学習のモデルを学習する際に効果的な特徴量の組み合せを見つけ出すことを**特徴選択**（feature selection）とよぶ。特徴選択は、機械学習やデータ分析では、予測の根拠を調べる際にきわめて重要である。特徴選択を行うことで、学習や予測の際の計算効率の向上（時間の短縮）、汎用性や解釈性の向上（有効な特徴量の把握）、過学習の抑制、予測精度の向上などが期待できる。

本節では、機械学習で用いられる特徴選択の手法をいくつか紹介し、Python によるプログラム例を示す。特徴選択には、大きく分けて**フィルタ法**（filter method）、**ラッパー法**（wrapper method）、**組み込み法**（embedded method）の３つがある。組み込み法は、予測モデルの学習と同時に予測に有効な特徴量を選択する手法であり、正則化手法や決定木学習などがある。深層学習のように学習プロセスの中で暗に特徴選択が行われる手法もあり、このような場合には、ここで紹介する特徴選択手法によって大幅な予測精度の向上が得られないこともある。

4.1.1　フィルタ法

フィルタ法では、機械学習モデルを使用せずに、データセットから統計的な手法によって各特徴量が予測に貢献する度合をスコアリングし、このスコアをもとに各特徴量を予測に利用するかどうかを決定する。計算コストの高い機械学習を行わずに、統計量を計算するだけで特徴選択を行うことができるという長所がある反面、特徴選択の精度はデータセットの性質に依存する。特徴量と予測対象の関係性によりスコアリングする方法や、特徴量だけをみて統計的に求める手法などがある。フィルタ法は、特徴量間の関係性を考慮しないため、どの特徴量とどの特徴量を併用すると有効かという情報を用いることができない。特徴量のスコアリングには、**カイ二乗検定**（chi-squared test）や**分散分析**（analysis of variance; ANOVA）、**ピアソン積率相関係数**（Pearson product-moment correlation coefficient）などがある。

カイ二乗検定

カイ二乗検定は、一般に、ある事象と別の事象の独立性を確かめるために用いられる検定手法である。カイ二乗検定では、ある特徴量が、予測対象のクラスと独立している程度を表す**カイ二乗統計量**（chi-square statistic）を求める。カイ二乗統計量は、**カイ二乗値**ともよばれるため、以降、カイ二乗値と表記する。カイ二乗検定にはピアソンのカイ二乗検定、イェイツのカイ二乗検定、マンテル・ヘンツェルのカイ二乗検定など、いくつかの種類があるが、最も基本的でよく用いられているのはピアソンのカイ二乗検定である。

ピアソンのカイ二乗検定では、まず、特徴量とクラスの関係（共起関係）をクロス集計表にまとめ、期待値を計算する。次に、実際の値と期待値との差を期待値の平方根で割った値（**ピアソン残差**）を求める。ピアソン残差の二乗和がカイ二乗値である。式（4-1）に、カイ二乗値の計算式を示す。ここで、N_{ij} はクラス i における特徴量 j の出現頻度、E_{ij} はクラス i と無関係

に特徴量 j が観測される期待値を表している。この χ^2 の値が大きいほど、特徴量とクラスが強い依存関係をもち、特徴量の重要度が高いとみなす。

$$\chi^2=\sum_i\sum_j\frac{\left(N_{ij}-E_{ij}\right)^2}{E_{ij}} \quad \cdots\cdots (4\text{-}1)$$

ピアソン積率相関係数

ピアソン積率相関係数は、また**標本相関係数**（sample correlation coefficient）ともよばれる。一般に、相関係数というと、このピアソン積率相関係数のことを指す場合が多い。式（4-2）により、特徴量 x とターゲット y 間の共分散 $\mathrm{cov}(x, y)$ を求め、式（4-3）により相関係数 r を求める。n はデータの個数を表す。共分散により、係数の符号が決まる。正の値なら正の相関を表し、負の値なら負の相関を表す。この相関係数 r は、特徴量 x がターゲット y を予測するためにどの程度役立つかを表す指標となる。

$$\mathrm{cov}(x, y)=\sum_{i=1}^{n}(x_i-\overline{x})(y_i-\overline{y}) \quad \cdots\cdots (4\text{-}2)$$

$$r=\frac{\mathrm{cov}(x, y)}{\sqrt{\sum_{i=1}^{n}(x_i-\overline{x})^2}\sqrt{\sum_{i=1}^{n}(y_i-\overline{y})^2}} \quad \cdots\cdots (4\text{-}3)$$

分散分析（ANOVA）

分散分析は、データを予測クラスに分割したときに、クラス間およびクラス内で数値データの統計量に有意な差があるかどうかを分散を用いて検定する方法である。2クラス以下の場合には、t 検定を用いて検定することができる。特徴量の数によって、1元配置の分散分析（特徴量が1つ）、2元配置の分散分析（特徴量が2つ）、3元配置の分散分析（特徴量が3つ）などがある。複数の特徴量からいくつかの特徴量を選び出す特徴選択では、2元配置以上の分散分析を行い、特徴量ごとの有意性を求めることになる。2元配置以上の場合には、各特徴量に対してクラス内での変動を求め、さらに、誤差変動とよばれる値を計算することで検定を行う、繰り返しなしの分散分析と、特徴量間の交互作用を考慮した繰り返しありの分散分析がある。

プログラム4.1に、sklearnのカイ二乗検定と分散分析、scipyのピアソン積率相関係数を用いた特徴選択の例を示す。SelectKBestクラスを用いることで、引数score_funcに指定する特徴選択手法（スコア関数）を用いた上位 k 個の特徴量を選択できる。SelectPercentileクラスを用いると、指定した特徴量のスコアが上位percentileパーセントの特徴量を選択できる。このプログラムは、キノコの各パーツの形状、色、大きさなどの特徴量から、そのキノコが食用か有毒かを2値分類する。

プログラム 4.1

```
import pandas as pd
import numpy as np
from sklearn.ensemble import RandomForestClassifier as RandomForest
from sklearn.model_selection import train_test_split
from sklearn.metrics import classification_report
# 上位 k 個の特徴量を選択するクラス、
# 上位 percentile パーセントの特徴量を選択するクラス
from sklearn.feature_selection import SelectKBest, SelectPercentile
# カイ二乗検定、分散分析のモジュールをインポート
from sklearn.feature_selection import chi2, f_classif
# ピアソン積率相関係数のモジュールをインポート
from scipy.stats import pearsonr
# 分散閾値により特徴選択を行うクラスをインポート
from sklearn.feature_selection import VarianceThreshold

# ピアソン積率相関係数
def Pearson_corr_coeff(X, y):                    ┐
    X = np.array(X)                              │
    y = np.array(y)                              │
    pr = [[], []]                                │
    for i in range(X.shape[1]):                  ├──────── ①
        x = X[:, i]                              │
        scores = pearsonr(y, x)                  │
        pr[0].append(scores[0])                  │
        pr[1].append(scores[1])                  │
    return pr                                    ┘

# データの準備
def prepare():
    !kaggle datasets download -d uciml/mushroom-classification
    !unzip mushroom-classification.zip

# カテゴリ特徴量を数字に変換
def replace_to_digit(dff):
    t = list(set(dff.values.tolist()))
    t.sort()
    vals = [t.index(v)+1 for v in dff.values]
    return vals

# 分散が 0 の特徴量があると、分散分析などの計算に
# 影響が出るため、あらかじめ削除しておく
def removeByVarianceThreshold(df, X_train, features):
    c_filter = VarianceThreshold(threshold=0)
    c_filter.fit(X_train)
    nc = []
    for i, c in enumerate(c_filter.get_support()):
```

```
        if c == True:
            nc.append(features[i])
    X_train = df.loc[:, nc].values
    features = nc
    return X_train, features

# 前処理(欠損値の除去、カテゴリ特徴量の数値への変換)
def preprocess():
    df = pd.read_csv('mushrooms.csv')
    df = df.replace('?', 'NaN')      ─────── ②
    df = df.dropna(how = 'any')
    df['class'] = df['class'].map({'p': 1, 'e': 0}).astype(int)
    features = []
    for c in df.columns.values:
        if c != 'class':
            features.append(c)
            df[c] = replace_to_digit(df[c])
    X_train = df.loc[:, features].values
    y_train = df.loc[:, ['class']].values.ravel()

    # 分散閾値以下の分散を持つ特徴量を削除する
    X_train, features = removeByVarianceThreshold(df, X_train, features)
    return X_train, y_train, features

# 特徴選択(SelectKBest)
def select_feature(selector_type, n_features, X_train, y_train, features):
    selector = SelectKBest(score_func=selector_type, k=n_features) ─── ③
    # n_features次元の特徴量に変換
    X_new = selector.fit_transform(X_train, y_train)
    feature_scores = list(zip(selector.scores_, features))
    # 特徴スコア順にソート
    sorted_feature_scores = sorted(feature_scores, reverse=True)
    selected_f = []
    # 特徴スコアの高い順に表示
    for i, fs in enumerate(
                    sorted_feature_scores[:n_features]):
        if fs[0] > 0 and fs[0] != None:
            print('[%d]: %s\t%.2lf' % (i+1, fs[1], fs[0]) )
            selected_f.append(fs[1])
    s_f = list(map(lambda i: features[i],
        filter(lambda i: features[i] in selected_f, range(len(features)))))
    return s_f

# 特徴選択(SelectPercentile)
def select_feature_percentile(selector_type,
                              percentile,
                              X_train, y_train,
```

```
                              features):

    selector = SelectPercentile(
                        score_func=selector_type,          ④
                        percentile=percentile)
    # n_features 次元の特徴量に変換
    X_new = selector.fit_transform(X_train, y_train)
    # 選択された特徴の数を取得
    sel_count = np.count_nonzero(selector.get_support()==True)  ⑤
    feature_scores = list(zip(selector.scores_, features))
    # 特徴スコア順にソート
    sorted_feature_scores = sorted(feature_scores, reverse=True)
    selected_f = []
    # 特徴スコアの高い順に表示
    for i, fs in enumerate( sorted_feature_scores[:sel_count]):
        if fs[0] > 0 and fs[0] != None:
            print('[%d]: %s\t%.2lf' % (i+1, fs[1], fs[0]))
            selected_f.append(fs[1])
    s_f = list(map(lambda i: features[i],
                filter(lambda i: features[i] \
                   in selected_f, range(len(features)))))
    return s_f

def main():
    prepare()
    X_train, y_train, features = preprocess()
    target_names = ['edible', 'poisonous']
    print('[Original Features]\n%s' % '\n'.join(features))

    # 特徴選択手法
    selectors = {'chi2': chi2,
                 'ANOVA': f_classif,
                 'Pearson': Pearson_corr_coeff}
    # SelectKBest を使う場合 (n_features 個の特徴量を選択 )
    n_features = 5
    X_tr, X_te, y_tr, y_te = \
        train_test_split(X_train, y_train,
                          train_size=0.7, random_state=0)
    df_sel = pd.DataFrame(X_tr, columns=features)
    df_sel_te = pd.DataFrame(X_te, columns=features)

    for selN, selector_type in selectors.items():
        print('\n-*-*-*- Select by %s -*-*-*-' % selN)
        s_f =select_feature(selector_type, n_features, X_tr, y_tr, features)
        X_tr_sel = df_sel.loc[:, s_f].values
        X_te_sel = df_sel_te.loc[:, s_f].values
        rf = RandomForest(n_estimators=100, max_depth=4, random_state=0)
```

```
        rf.fit(X_tr_sel, y_tr)
        y_pred = rf.predict(X_te_sel)
        print(classification_report(y_te, y_pred,
                    target_names=target_names,
                    zero_division=1))

    # SelectPercentileを使う場合
    # 上位percentileパーセントの特徴量を選択
    percentile = 10
    for selN, selector_type in selectors.items():
        print('\n-*-*-*- Select by %s -*-*-*-' % selN)
        s_f =select_feature_percentile(selector_type,
                         percentile, X_train, y_train, features)
        X_tr_sel = df_sel.loc[:, s_f].values
        X_te_sel = df_sel_te.loc[:, s_f].values
        rf = RandomForest(n_estimators=100, max_depth=4, random_state=0)
        rf.fit(X_tr, y_tr)
        y_pred = rf.predict(X_te)
        print(classification_report(y_te, y_pred,
                    target_names=target_names,
                    zero_division=1))
```

以下、プログラム 4.1 の重要箇所について説明する。

①ピアソン積率相関係数

SelectKBest および SelectPercentile クラスのインスタンスを生成する際に、引数 score_func に指定するスコア計算の関数の1つとしてピアソン積率相関係数を計算するメソッドを定義している。これは、メソッド pearsonr は、引数にとる値の形式が chi2 や f_classif とは異なるためである。

②欠損値の削除

df.replace('?', 'NaN') により、欠損値である「?」を pandas で扱うことのできる表記「NaN」に置換する。また、df = df.dropna(how = 'any') により、欠損値が 1 つでも含まれる行を削除している（引数 how に 'all' を指定すると、すべての値が欠損値である行を削除）。

③ SelectKBest クラスを用いた特徴選択の準備

特徴選択を行う SelectKBest クラスのインスタンスを生成している。特徴選択の基準となるスコア関数 score_func に、変数 selector_type の値を設定する。また、選択する特徴量の数を決定する引数 k には、n_features を設定する。

④ SelectPercentile クラスを用いた特徴選択の準備

特徴選択を行う SelectPercentile クラスのインスタンスを生成している。スコア関数 score_func に変数 selector_type の値を設定し、選択する特徴量の割合を示す percentile の値を設定している。

⑤選択された特徴量の確認

メソッド count_nonzero により、選択された特徴量の数を得る。メソッド get_support を用いて、選択された特徴量には True、選択されなかった特徴量には False がセットされたリストを取得できる。

プログラム 4.1 の実行結果の一部を、図 4.1 に示す。カイ二乗値（chi2）によって、予測に有効な 2 つの特徴量（gill-color, ring-type）が選択され、これらの特徴量を用いたランダムフォレストによる予測精度などが出力されている。

相互情報量

相互情報量（mutual information; MI）を用いることで、特徴量 x がクラス y の決定に関して、どの程度情報を持っているかを測ることができる。テキスト分類などでは、文書のクラスと単語との関係の強さを相互情報量で求め、重要単語の選択に用いることがあるが、数値情報でも、それぞれの特徴量とクラスとの関連度の強さを相互情報量で求めることで、クラス決定に有効な特徴量の選択に用いることができる。

相互情報量の定義を式（4-4）に示す。$p(x, y)$ は、x と y が同時に生起する確率を示す。これは、特徴選択では、あるデータに特徴量 x が含まれるときに、そのデータがクラス y に属する確率である。$p(x)$ および $p(y)$ は、x および y の周辺確率を示しており、それぞれ、データに特徴量 x が含まれる確率、データがクラス y である確率である。

$$\mathrm{MI} = \sum_{y \in Y} \sum_{x \in X} p(x, y) \log \frac{p(x, y)}{p(x)p(y)} \qquad \cdots\cdots (4\text{-}4)$$

プログラム 4.2 に、相互情報量を用いて特徴選択する場合としない場合とでのクラス予測の精度を比較する例を示す。使用するデータは、MBTI 性格診断を受けた被験者について、MBTI の回答結果および各項目のスコアと、その被験者が現在の職業に満足しているか否かについて回答したアンケート結果である。相互情報量の計算には、sklearn の feature_selection クラスに含まれるメソッド mutual_info_classif を用いる。

```
-*-*-*- Select by chi2 -*-*-*-
[1]: gill-color 4932.45 ┐
[2]: ring-type  1358.08 ┘── カイ二乗値により選択された特徴量
              precision    recall  f1-score   support

      edible       0.98      1.00      0.99      1272
   poisonous       1.00      0.98      0.99      1166

    accuracy                           0.99      2438
   macro avg       0.99      0.99      0.99      2438
weighted avg       0.99      0.99      0.99      2438
```

〔図 4.1〕キノコの２値分類結果（カイ二乗検定による特徴選択）

プログラム 4.2

```
import pandas as pd
import numpy as np
from sklearn.model_selection import train_test_split
from sklearn.metrics import accuracy_score
from sklearn.metrics import classification_report
from sklearn.ensemble import RandomForestClassifier
from sklearn.feature_selection import SelectKBest
# 相互情報量を計算するメソッドをインポート
from sklearn.feature_selection import mutual_info_classif

# データの準備
def prepare():
    !kaggle datasets download -d pmenshih/kpmi-mbti-mod-test
    !unzip kpmi-mbti-mod-test.zip

# 前処理（使用する項目の絞り込み、正規化）
def preprocess():
    # MBTI 診断データを読込み
    df = pd.read_csv('kpmi_data.csv', sep=';')
    # 現在の職業に満足しているかどうか (yes:1, no:0)
    y = df.loc[:, 'satisfied'].values
    # 使用する特徴量（MBTI のスコア）
    scales = ['scale_e','scale_i','scale_s','scale_n',
              'scale_t','scale_f','scale_j','scale_p']
    df = pd.DataFrame(df.loc[:,scales], columns=scales)
    print(df)
    X = df.loc[:, df.columns.values].values
    X_train, X_test, y_train, y_test = train_test_split(X, y,
                                   random_state=0, train_size=0.9)
    return X_train, X_test, y_train, y_test, scales

# ランダムフォレストで分類評価
def predict_satisfaction(X_train, X_test, y_train, y_test):
    clf = RandomForestClassifier(max_depth=4, random_state=2)
    clf.fit(X_train, y_train)
    y_pred = clf.predict(X_test)
    print('Accuracy = {:.3f}'.format(accuracy_score(y_test, y_pred)))
    labels = ['no', 'yes']
    print(classification_report(y_test, y_pred, target_names=labels))

# MI （相互情報量）を用いて特徴選択
def select_feature_by_MI(X_train, X_test, y_train, y_test, scales, n_features):
    # n_featuers 個の特徴量を選択                                              ┐
    selecter = SelectKBest(mutual_info_classif, k=n_features).fit(X_train, y_train) ┘①

    sel_features = []
```

```
    selected_feature = selecter.get_support()
    for i in range(len(selected_feature)):
        if selected_feature[i]:
            print('Selected Feature - {}'.format(scales[i]))
            sel_features.append(scales[i])
    trdf = pd.DataFrame(X_train, columns=scales)
    tedf = pd.DataFrame(X_test, columns=scales)
    X_train = trdf.loc[:, sel_features].values
    X_test = tedf.loc[:, sel_features].values
    return X_train, X_test

def main():
    prepare()
    X_train, X_test, y_train, y_test, scales = preprocess()
    print('- 特徴選択無し [%d 個の特徴量] -' % len(scales))
    predict_satisfaction(X_train, X_test, y_train, y_test)
    n_features = 3
    print('- MI による特徴選択 [%d 個の特徴量] -' % n_features)
    X_train, X_test = select_feature_by_MI(X_train, X_test,
                                            y_train, y_test, scales, n_features)
    predict_satisfaction(X_train, X_test, y_train, y_test)
```
(行 selected_feature ～ sel_features.append: ②、行 trdf ～ X_test = tedf…: ③)

以下、プログラム 4.2 の重要箇所について説明する。

① SelectKBest クラスを用いた特徴選択の準備

SelectKBest クラスのインスタンスを生成している。特徴選択のスコア関数として mutual_info_classif を指定し、選択する特徴量の数を指定する引数 k には、変数 n_features の値を設定している。

②相互情報量（MI）を用いた特徴選択

SelectKBest クラスのメソッド get_support で、選択した特徴量を取得し、リスト sel_features に特徴量の名前を格納している。

③特徴選択したデータフレームの作成

学習データとテストデータをもとに作成したデータフレームから選択された特徴の列のみをメソッド loc を用いて抽出し、特徴選択済みの学習データとテストデータを作成している。

図 4.2 にプログラム 4.2 の実行結果の一部を示す。相互情報量を用いた特徴選択により特徴量を 8 個から 3 個に削減した。特徴選択する前よりも全体の精度が改善していることから、特徴選択の効果をみることができる。プログラム 4.1 および 4.2 では、スコア関数に chi2, f_classif, mutual_info_classif などを用いたが、回帰用には、f_regression, mutual_info_regression などを用いることができる。

```
- 特徴選択無し [8個の特徴量] -
Accuracy = 0.695
              precision    recall  f1-score   support

          no       0.55      0.12      0.19       682
         yes       0.70      0.96      0.81      1503

    accuracy                           0.69      2185
   macro avg       0.63      0.54      0.50      2185
weighted avg       0.66      0.69      0.62      2185
```

すべてのMBTIスコア（8個）を特徴量として用いた場合の予測精度

```
- MIによる特徴選択 [3個の特徴量] -
Selected Feature - scale_e
Selected Feature - scale_i
Selected Feature - scale_p
Accuracy = 0.692
              precision    recall  f1-score   support

          no       0.53      0.13      0.21       682
         yes       0.71      0.95      0.81      1503

    accuracy                           0.69      2185
   macro avg       0.62      0.54      0.51      2185
weighted avg       0.65      0.69      0.62      2185
```

MIにより選択された3個の特徴量（scale_e, scale_i, scale_n）を用いた場合の予測精度

〔図 4.2〕MBTI スコアによる予測（MI による特徴選択）

4.1.2　ラッパー法

D 個の特徴量を持つデータから、M 個の特徴量を持つ部分集合を選択し、交差検証によって、最も予測誤差の低くなる特徴量の部分集合を選択する手法を**ナイーブ・ラッパー法**とよぶ。この手法は、特徴量間の組み合せを考慮し、誤差を最小にする最良の特徴選択を行うことができるという長所がある。しかし、特徴量の組み合せ数が指数関数的に増加するため、特徴量の数が増えるにつれ反復回数が増加し、特徴選択に膨大な時間がかかってしまい、すべての組み合せについて検証することが困難となる。

ラッパー法には、**ステップワイズ法**（stepwise method）とよばれる手法がある。この手法には、特徴量が無い状態から、ある選択基準に基づき、特徴量を 1 つずつ増やしていく方法（**変数増加法**; forward stepwise）と、すべての特徴量から、ある選択基準に基づき、特徴量を 1 つずつ減らしていく方法（**変数減少法**; backward stepwise）があり、特徴量の次元数や対象となるデータの規模に適したものを用いる必要がある。

変数増加法は、**前向き貪欲探索法**（forward greedy search algorithm）ともよばれる。この方法は、データを学習データとテストデータとに分け、特徴量を 1 つずつ増やしていき、テスト誤差（誤差の 2 乗平均や 2 乗平均平方根誤差、ベイズ情報量など）の評価を行い、誤差が特徴量を増やす前よりも小さければ、その特徴量を採用する。誤差が大きければ、増やした特徴量を採用せず、次の特徴量を追加して誤差を評価する。これを繰り返していくことで、最適な特徴量の組み合せを探索する。変数増加法は特徴量を選択する順番によって結果が異なり、最良な

特徴量の集合が必ずしも選択されないこと、また、選択する特徴量の数をあらかじめ決めておくことができないという欠点がある。以下、変数減少法である再帰的特徴量削減と、特徴量の重要度に基づき特徴選択を行う手法であるBorutaについて説明する。

再帰的特徴量削減

再帰的特徴量削減（recursive feature elimination; RFE）は、部分集合に対する分類器の学習を機械学習手法により行い、評価した結果をもとに、モデルの性能が低下するまで再帰的に特徴量を1つずつ削除する。後で述べるBorutaのように、ランダムフォレストや勾配ブースティング木などにより得られた重要度をもとに特徴量を選択する方法もある。しかし、これらの方法では、対象データに異常値などが含まれていると、それらを含んだまま特徴量の重要度が計算され、適切な重要度が得られないことがある。一方、RFEでは、実際の分類器の学習の性能に基づき特徴選択を行うため、分類に有効な特徴量の組み合せが選択されやすいという利点がある。

プログラム4.3に、サポートベクトルマシン（support vector machine; SVM）を機械学習手法として用い、RFEにより特徴選択を行う具体例を示す。RFEには、sklearnのRFEクラスを用いる。このプログラムは、患者の年齢、性別、喫煙状況、通院状況などから10年後の冠状動脈性心臓病CHDの発症リスクの有無を予測する。

プログラム4.3

```
import pandas as pd
import numpy as np
from sklearn.feature_selection import RFE
from sklearn.svm import SVC
# 正規化用のクラスをインポート
from sklearn.preprocessing import MinMaxScaler
from sklearn.model_selection import train_test_split
from sklearn.metrics import classification_report as clf_report
from sklearn.impute import SimpleImputer

# データの準備
def prepare():
    !kaggle datasets download -d \
        dileep070/heart-disease-prediction-using-logistic-regression
    !unzip heart-disease-prediction-using-logistic-regression.zip
    df = pd.read_csv('framingham.csv')
    # 10年後の冠状動脈性心臓病CHDの発症リスクの有無
    # (0:無, 1:有)
    features = []
    # 分類に使用する特徴量（最後の列以外すべて）
    for i, f in enumerate(df.columns.values ):
        if i != len(df.columns)-1:
```

```
            features.append(f)
    X_train = df.loc[:,features].values
    y_train = df['TenYearCHD'].values
    return X_train, y_train, features

# 前処理（平均値による欠損値の補完、正規化）
def preprocess(X_train):
  # 平均値による単一代入法
    simple_imp = SimpleImputer(missing_values=np.nan, strategy='mean')  ┐
    simple_imp.fit(X_train)                                              ├─①
    X_train = simple_imp.transform(X_train)                              ┘
    ms = MinMaxScaler()
    ms.fit(X_train)
    X_train = ms.transform(X_train)
    return X_train

# RFEによる特徴選択と学習
def select_by_rfe(n_features,features, X_train,y_train,X_test,y_test):
    svc = SVC(kernel='linear', gamma=1/2 ,                   ┐
          C=1.0,class_weight='balanced',random_state=0)      │
    rfec = RFE(svc, n_features_to_select= \                  │
              n_features,step=10, verbose=1)                 ├─②
    rfec.fit(X_train, y_train)                               │
    preds = rfec.predict(X_test)                             ┘
    print("RFE + SVC", rfec.n_features_)
    print(clf_report(y_test, preds, digits=3))
    feature_ranks = list(zip(rfec.ranking_, features))                   ┐
    sorted_feature_ranks = sorted(feature_ranks, reverse=False)          ┘─③
    # 選択された特徴量を表示する
    for i, fs in enumerate(sorted_feature_ranks[:n_features]):
        print('[%d]: %s\t%.2lf' % (i+1, fs[1], fs[0]))

def main():
    # n_features個に絞り込む
    n_features = 8
    X_train, y_train, features = prepare()
    X_train = preprocess(X_train)
    X_train, X_test, y_train, y_test = train_test_split(X_train, y_train,
                                                random_state=0, train_size=0.8)
    # SVMによる学習・分類（特徴選択なし）
    print('- training SVM with default parameters -')
    svc = SVC(kernel='linear', gamma=1/2, C=1.0, class_weight='balanced', random_state=0)
    svc.fit(X_train, y_train)
    pred = svc.predict(X_test)
    print(clf_report(y_test, pred))
    # SVM-RFEを用いて特徴選択し、
    # n-features個の特徴量で分類、学習
```

```
    print('^-^-^  Select by SVM-RFE -^-^-^-')
    select_by_rfe(n_features, features, X_train, y_train, X_test, y_test)
```

以下、プログラム 4.3 の重要箇所について説明する。

① SimpleImputer クラスのインスタンス生成

単一代入法を行うクラス SimpleImputer のインスタンスを生成している。欠損値の種類を設定する引数 missing_values に np.nan を指定し、欠損値の補完方法を設定する引数 strategy に 'mean' を指定している。生成したインスタンスにより、fit および transform を用いて欠損値の補完を行っている。

②特徴選択クラス RFE のインスタンス生成と予測モデルの学習

まず、SVC クラスのインスタンス svc を生成する。引数として、カーネルの種類を決定する kernel に線形カーネルである 'linear'、パラメータ gamma に 1/2 、コストパラメータ（誤分類を許容する指標）を表す C に 1.0、クラスに属するデータ数が不均衡な場合にクラスに重み付けするための class_weight に 'balanced' を設定している。次に、RFE により特徴選択を行う RFE クラスのインスタンス rfec を生成している。引数には、特徴選択の基準となる学習手法としてインスタンス svc に指定したもの、選択する特徴量の数を決定する n_features_to_select に変数 n_features で指定した値（ここでは 8）を設定している。また、学習ステップ数を決定する step に 10 を設定している。fit で学習データを用いたモデルの学習を、predict でテストデータに対する予測を行っている。

③特徴選択結果の格納

メンバ変数 ranking_ に、特徴選択の結果に基づく各特徴量の順位が格納されている。これを順位の高い順にソートし、sorted_feature_ranks に格納している。

図 4.3 にプログラム 4.3 の実行結果の一部を示す。すべての特徴量（15 個）から SVM に基づく RFE によって 8 個の特徴量が選択され、特徴量をすべて用いたときよりも、わずかながら精度の改善をみることができる。

Boruta

Boruta[1] は、ランダムフォレストと検定を用いた、特徴量の重要度に基づく特徴選択手法である。ランダムフォレストは、分類モデルの学習の際に特徴量の重要度を算出することができる。Boruta では、学習データ中の特徴量について、偽の特徴量を作成し、ランダムフォレストにより各特徴量の重要度を求めることを複数回繰り返す。最終的に、統計的な検定により、元の特徴量と偽の特徴量との重要度の比較を行い、真に重要な特徴量か否かを判定することで特

[1] Boruta の由来は、スラブ神話に出てくる森の神の名前である。

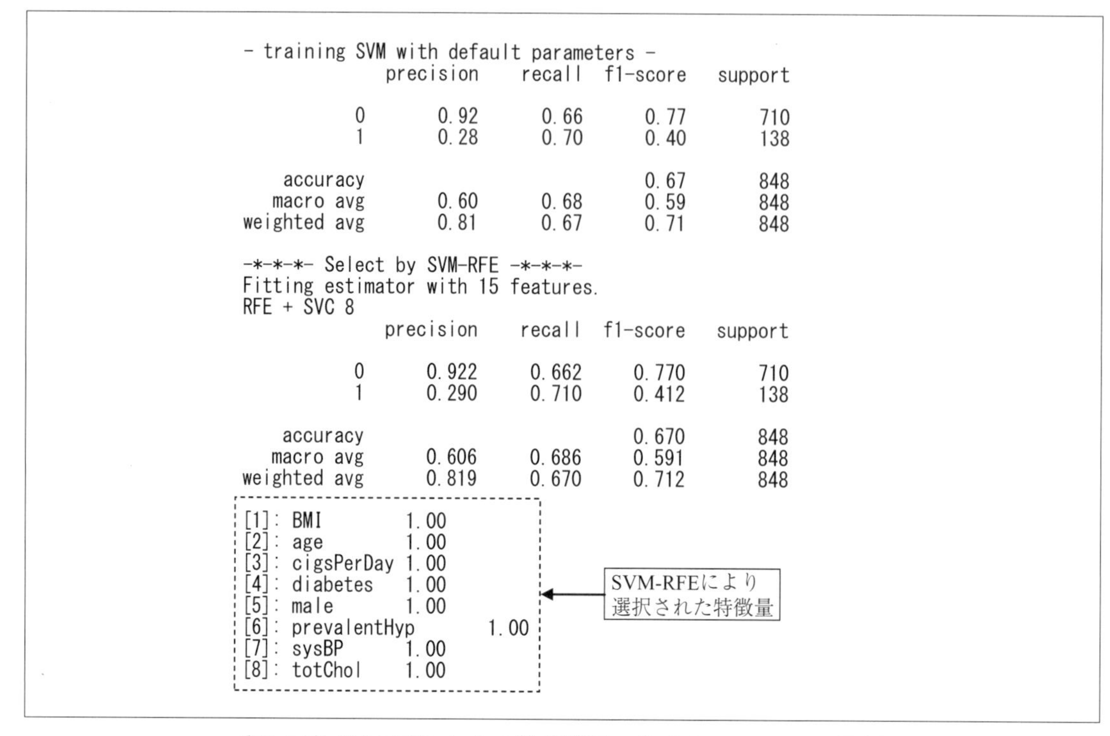

```
- training SVM with default parameters -
              precision    recall  f1-score   support

           0       0.92      0.66      0.77       710
           1       0.28      0.70      0.40       138

    accuracy                           0.67       848
   macro avg       0.60      0.68      0.59       848
weighted avg       0.81      0.67      0.71       848

-*-*-*- Select by SVM-RFE -*-*-*-
Fitting estimator with 15 features.
RFE + SVC 8
              precision    recall  f1-score   support

           0      0.922     0.662     0.770       710
           1      0.290     0.710     0.412       138

    accuracy                          0.670       848
   macro avg      0.606     0.686     0.591       848
weighted avg      0.819     0.670     0.712       848

[1]: BMI        1.00
[2]: age        1.00
[3]: cigsPerDay 1.00
[4]: diabetes   1.00
[5]: male       1.00
[6]: prevalentHyp       1.00
[7]: sysBP      1.00
[8]: totChol    1.00
```


〔図 4.3〕SVM-RFE による特徴選択に基づく CHD リスク予測

徴選択を行う。具体的な手順について以下に述べる。

ステップ 1.　予測に寄与しない偽の特徴量の作成

元のデータを複製し、複製したデータの各特徴量の値を、列ごとにランダムに並べ替える。この特徴量は、クラスの予測に寄与することがない偽の特徴量となる。

ステップ 2.　本物の特徴量と偽の特徴量の重要度の比較

元のデータに、ステップ 1 で作成した偽の特徴量を結合したデータを作成し、これを学習データとする。ランダムフォレストを用いてクラスを予測するモデルの学習を行い、各特徴量の重要度を計算する。偽の特徴量の中での最大の重要度を I_{max} とするとき、I_{max} よりも高い重要度である元のデータの特徴量 k に対し、カウンター SC_k をインクリメントする。ランダムフォレストは、ランダムサンプリングを用いて決定木を作るという性質上、学習するたびに特徴量の重要度が変動する。そのため、ステップ 2 を N 回繰り返す。図 4.4 に実行例を示す。

ステップ 3.　真に重要な特徴量の選択

カウンター SC_k の値が大きいほど重要な特徴量と考えられる。N 回の独立した試行において、特徴量 k が選択されるか否かという事象は、2 項分布に従う。したがって、2 項検定（有意水準は 0.05 と設定）により、特徴量 k の選択されやすさが有意であるか否かの判定により、特徴選択を行う。

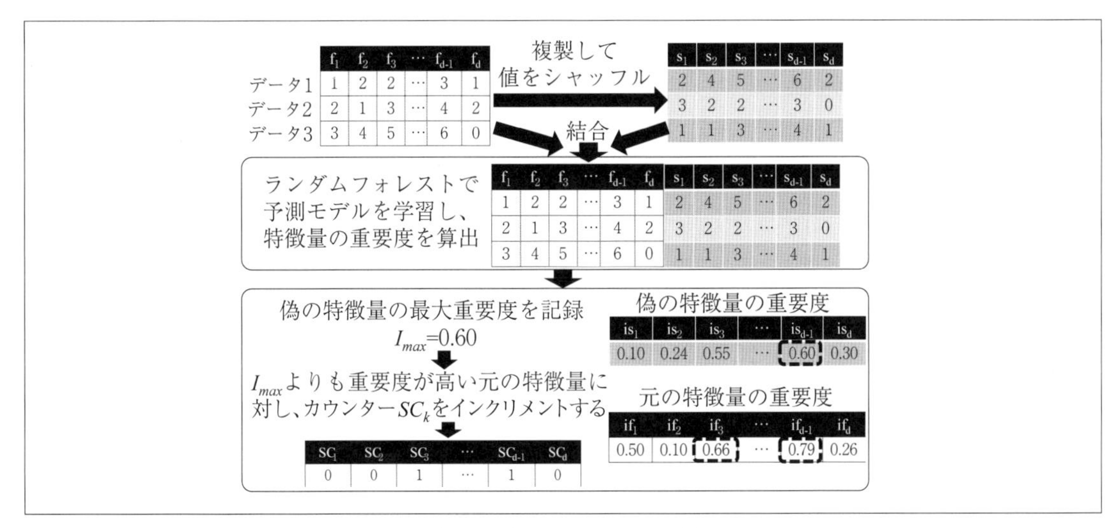

〔図 4.4〕Boruta の実行例

プログラム 4.4 に、Boruta を Python で利用できる実装の 1 つである BorutaPy を用いた特徴選択の例を示す。このプログラムは、ポルトガル語学校の学生の成績データ（学生の性別、学年、日常の行動など）から学業成績を予測するものである。Boruta による特徴選択手法を使用するためには BorutaPy というライブラリのインストールが必要である。

プログラム 4.4

```
# BorutaPy のインストール
!pip install Boruta
import pandas as pd
from sklearn.model_selection import train_test_split
from sklearn.metrics import classification_report as clf_report
from sklearn.ensemble import RandomForestClassifier
# BorutaPy クラスのインポート
from boruta import BorutaPy

# データの準備
def prepare():
    !kaggle datasets download -d dipam7/student-grade-prediction
    !unzip student-grade-prediction.zip
    # ポルトガル語学校の学生の成績の予測データセット
    df = pd.read_csv('student-mat.csv')
    # 欠損値を除去
    df = df.dropna()
    # 性別を数値に変換
    df['sex'] = df['sex'].map({'F': 0, 'M': 1}).astype(int)
```

```
    # 使用する特徴量
    features = ['sex', 'age','Medu', 'Fedu', 'traveltime',
                'studytime', 'failures', 'famrel',
                'freetime', 'goout', 'Dalc',
                'Walc', 'health', 'absences']
    X_train = df.loc[:,features].values
    # 成績ラベル G2 (0 to 20)
    y_train = df['G2'].ravel()
    # ビニングにより成績を 2 クラスに変換
    bins = [-1, 10, 20]
    labels = ['bad', 'good']
    y_cut = pd.cut(y_train, bins=bins, labels=labels)
    print(y_cut)
    y_train = [c for c in y_cut.codes]
    return X_train, y_train, features, labels

# Borutaによる特徴選択
def feature_select_by_Boruta(rfc, X_train, y_train, features):
    # Boruta による特徴選択を定義
    feat_selector = BorutaPy(rfc, n_estimators='auto', verbose=0, random_state=1)   ①
    # 関連する特徴量の選択
    feat_selector.fit(X_train, y_train)
    # 選択された特徴量のチェック
    result = feat_selector.support_
    print('=====Selected Features=====')
    for i,tf in enumerate(result):                                                   ②
        if tf == True:
            print('%s' % features[i])
    # 特徴量のランキング
    ranking = feat_selector.ranking_
    rank = {}
    for i in range(len(ranking)):
        rank[i] = ranking[i]
    print('======Feature Ranking======')
    for k,v in sorted(rank.items(), key=lambda x:x[1]):
        print('[%d]\t%s' % (v, features[k]))
    # 選択された特徴量のみのデータに変換
    X_filtered = feat_selector.transform(X_train)
    return X_filtered, feat_selector

def main():
    X_train, y_train, features, target_names = prepare()
    X_train, X_test, y_train, y_test = \
            train_test_split(X_train, y_train, random_state=0, train_size=0.8)
    rfc = RandomForestClassifier(n_jobs=-1, class_weight='balanced', max_depth=5)
    # Borutaによる特徴選択
    X_filtered, feat_selector = feature_select_by_Boruta(
```

```
                    rfc, X_train, y_train, features)
    # 特徴選択せずにランダムフォレストで学習・予測
    print('Result: all features')
    rfc.fit(X_train, y_train)
    y_pred = rfc.predict(X_test)
    print(clf_report(y_test, y_pred, target_names= target_names))
    # 特徴選択の結果を用いてランダムフォレストで学習・予測
    print('Result: selected features')
    rfc_boruta = RandomForestClassifier(n_jobs=-1,
                 class_weight='balanced', max_depth=5)
    rfc_boruta.fit(X_filtered, y_train)
    X_test_filtered = feat_selector.transform(X_test)
    y_pred_boruta = rfc_boruta.predict(X_test_filtered)
    print(clf_report(y_test, y_pred_boruta, target_names =target_names))
```

以下、プログラム 4.4 の重要箇所について説明する。

① BorutaPy クラスのインスタンスの生成と特徴選択

BorutaPy のインスタンス feat_selector を生成している。特徴選択に用いる分類手法には、生成した RandomForestClassifier クラスのインスタンス rfc を指定し、引数 n_estimators に 'auto' を指定することにより、データセットのサイズに基づきアンサンブルの際に用いる決定木の数が自動的に求まるようにしている。feat_selector を用いて、fit により特徴量を選択している。

②選択された特徴量の確認

support_ を参照することで、選択された特徴量をチェックしている。support_ は、True または False が格納されたリストである。添え字に対応する特徴量が Boruta によって選択されていれば True、そうでなければ False が格納される。

図 4.5 に、プログラム 4.4 の実行結果の一部を示す。Boruta によって、2 つの特徴量（failures と absences）が選択され、結果として、すべての特徴量を用いた場合よりも、全体で約 2% ほど精度が改善していることがわかる。特徴量の数が 14 個から 2 個にまで削減され、全体の精度は改善したが、クラス 'bad' と 'good' で F 値に偏りが出てしまう結果となった。

Boruta は特徴量の重要度を求めるために、元のデータよりも特徴量の数が増加したデータを用いて予測モデルの学習を繰り返すため、比較的計算コストの高い手法である。また、有効な特徴量の数が多くなると、計算量が増加するという欠点もある。2 項検定における有意水準 α を設定する alpha の値を調整したり、特徴選択の閾値として、偽の特徴量の重要度の最大値ではなく、重要度のパーセンタイルを設定する perc の値を調整することで、精度をさらに改善できる可能性がある。また、特徴量の重要度を求めるために、前述のプログラムではランダムフォレストを用いたが、他の機械学習手法（LightGBM など）も用いることができる。

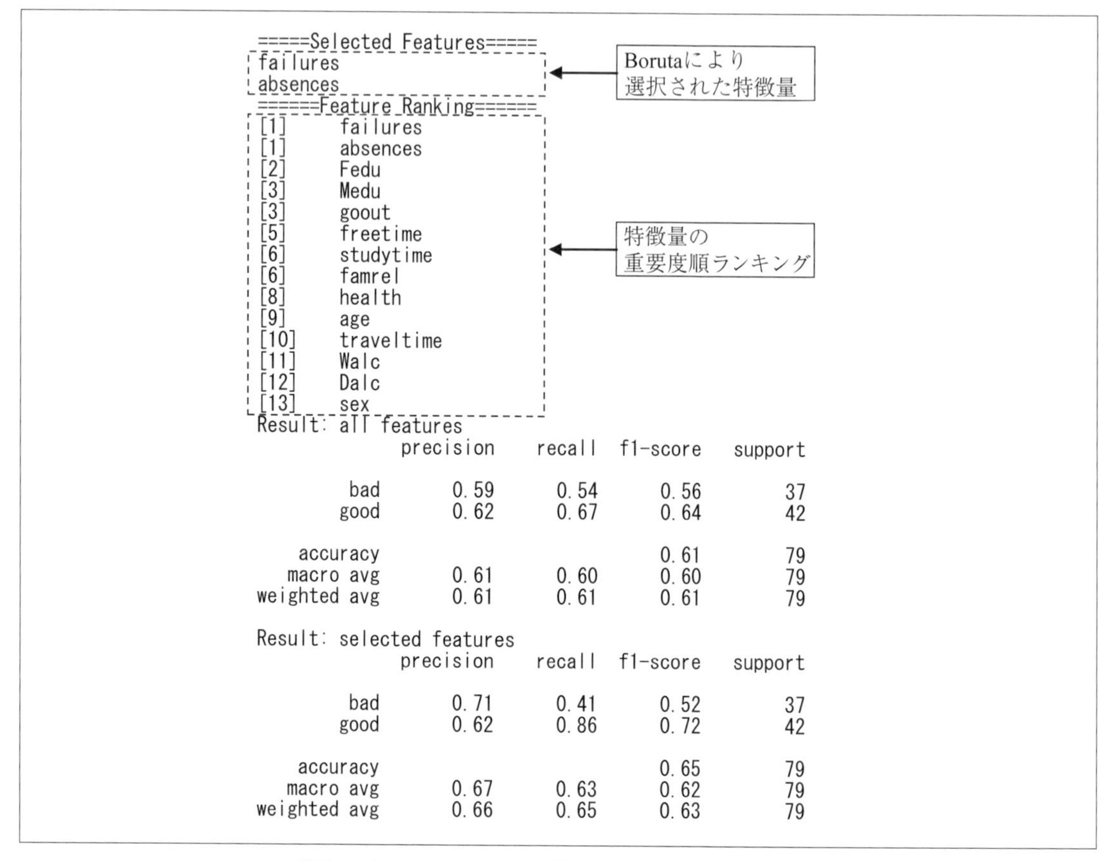

```
=====Selected Features=====
failures
absences
======Feature Ranking======
[1]     failures
[1]     absences
[2]     Fedu
[3]     Medu
[3]     goout
[5]     freetime
[6]     studytime
[6]     famrel
[8]     health
[9]     age
[10]    traveltime
[11]    Walc
[12]    Dalc
[13]    sex
Result: all features
              precision    recall  f1-score   support

         bad       0.59      0.54      0.56        37
        good       0.62      0.67      0.64        42

    accuracy                           0.61        79
   macro avg       0.61      0.60      0.60        79
weighted avg       0.61      0.61      0.61        79

Result: selected features
              precision    recall  f1-score   support

         bad       0.71      0.41      0.52        37
        good       0.62      0.86      0.72        42

    accuracy                           0.65        79
   macro avg       0.67      0.63      0.62        79
weighted avg       0.66      0.65      0.63        79
```


〔図 4.5〕Boruta による特徴選択に基づく成績予測

4．1．3　正則化手法による特徴選択

正則化（regularization）とは、線形回帰モデルの学習に制約（正則化項、またはペナルティとよばれる）を導入することで過学習を防ぐ手法である。線形回帰モデルは、d 次元の特徴量ベクトル $\mathbf{x}_i=[x_{i1}, x_{i2}, ..., x_{id}]^{\mathrm{T}}$ とターゲット y_i に対し、式（4-5）のように表すことができる。なお、ε_i は誤差項である。一般に、回帰係数のパラメータベクトル $\boldsymbol{\beta}=[\beta_1, \beta_2,..., \beta_d]^{\mathrm{T}}$ は最小 2 乗法により求める。最小 2 乗法では、線形回帰モデルの計算結果（予測値）とターゲットとの平均 2 乗誤差が最も小さくなる回帰係数のパラメータベクトル $\boldsymbol{\beta}$ を推定する。

$$y_i = \boldsymbol{\beta}^{\mathrm{T}}\mathbf{x}_i + \varepsilon_i \quad \cdots\cdots (4\text{-}5)$$

正則化では、回帰係数に対する L1 ノルムや L2 ノルムなどを制約条件として線形回帰モデルに加えることによって、回帰係数が非常に大きな値になることを抑制する。本節では、L1 ノルムおよび L2 ノルムを用いた正則化手法と、これら 2 つのノルムを組み合わせた手法について説明する。また、正則化手法に基づく特徴選択について実例を用いて示す。

リッジ回帰

リッジ回帰（ridge regression）は、制約条件として、回帰係数の2乗和であるL2ノルムを用いた正則化手法であり、**L2正則化**ともよばれる。リッジ回帰では、式（4-6）を最小化するようなパラメータベクトル $\boldsymbol{\beta}$ を推定する。ここで、α は正則化の程度を決める正則化パラメータである。また、n はデータ数である。

$$\sum_{i=1}^{n}(y_i - \boldsymbol{\beta}^{\mathrm{T}}\mathbf{x}_i)^2 + \alpha\|\boldsymbol{\beta}\|_2^2 \quad \cdots\cdots (4\text{-}6)$$

制約条件にL2ノルムを用いることによって、特徴量の係数 β_j が極端に大きな絶対値をとりにくくなり、過学習を抑制できる。リッジ回帰は、回帰モデルの学習時に特徴量の選択を同時に行っているといえる。このような方法を、**組み込み法**とよぶ。特徴量間の依存関係をある程度は考慮できるが、重要でない特徴量の係数が完全に0にはならない性質をもち、特徴量の数が減らないため、モデルの解釈性が低くなるという欠点がある。

Lasso回帰

Lasso回帰（least absolute shrinkage and selection operator）は、制約条件に、回帰係数の絶対値の和であるL1ノルムを用いるため、**L1正則化**ともよばれる。Lasso回帰では、式（4-7）を最小化するようなパラメータベクトル $\boldsymbol{\beta}$ を推定する。

$$\sum_{i=1}^{n}(y_i - \boldsymbol{\beta}^{\mathrm{T}}\mathbf{x}_i)^2 + \alpha\|\boldsymbol{\beta}\|_1 \quad \cdots\cdots (4\text{-}7)$$

制約条件にL1ノルムを用いることで、重要でない特徴量の係数が0または非常に小さな値になるため、スパース（疎）なモデルとなる。これにより、特徴量を減らすことができる。リッジ回帰と同様、特徴選択を回帰モデルの学習時に行うため、**組み込み法**の一種である。Lasso回帰は、特徴量間の依存関係をある程度考慮することができ、ラッパー法よりも効率的な特徴選択を行うことができる。

ここで、Lasso回帰の欠点について述べる。2つの特徴量間に高い相関があり、かつ、これらの特徴量がターゲットと深い関連がある場合には、どちらか一方の特徴量のみが選択される傾向がある。また、特徴量の数が学習データ数 n よりも多い場合は、選択される特徴量の数は、最大で n までとなる。Lasso回帰では、真に重要な特徴量を選択可能であるという統計的性質は保証されないため、特徴選択に関する一致性も保証されない。

Lasso回帰は高次元データに対して有効なスパース回帰手法として、改良が進められている。特徴選択の一致性が保証されないという問題を解決したAdaptive Lassoや、欠測データに対応させたConvex Conditioned Lasso（CoCoLasso）、データの欠損率が高い場合にも効率を低下させないHigh Missing rate Laso（HMLasso）、状況によって回帰係数を動的に変化させることが可能な Pliable Lasso などがある。Python で利用できるものも公開されている。Pliable Lasso のライブラリ plasso[2] は Google Colab でもインストールして利用することができる。

弾性ネット回帰

Lasso 回帰ではモデルに使用できる特徴量の数に制限があるという欠点があり、またリッジ回帰では特徴量の係数が 0 にならないためモデルが複雑になってしまうという欠点があった。**弾性ネット回帰**（elastic net）は、Lasso 回帰とリッジ回帰の制約条件である L1 ノルムと L2 ノルムの両方を用いて、式（4-8）を最小化するように学習する。これにより、両方の手法の欠点を軽減している。λ は、L1 ノルムと L2 ノルムによる正則化の比率を決めるための定数である。

$$\sum_{i=1}^{n}(y_i - \boldsymbol{\beta}^{\mathrm{T}}\mathbf{x}_i)^2 + \alpha\left((1-\lambda)\|\boldsymbol{\beta}\|_2^2 + \lambda\|\boldsymbol{\beta}\|_1\right) \quad \cdots\cdots (4\text{-}8)$$

プログラム 4.5 に、sklearn のクラス Ridge, Lasso, ElasticNet を用いた、世界大学ランキングの予測の例を示す。このプログラムは、大学の国際ランクや教育の質、大学の研究者の論文の出版数、被引用回数、インパクト、特許件数などから、世界の大学のランキングを予測する。正則化パラメータ alpha の値を大きくするほどモデルが単純（係数が 0 になる特徴量が増える）になり、小さくするほど複雑になる。

[2] https://pypi.org/project/plasso/

プログラム 4.5

```
import pandas as pd
import numpy as np
from sklearn.linear_model import LogisticRegression
from sklearn.model_selection import train_test_split
from sklearn.preprocessing import MinMaxScaler
from sklearn.model_selection import train_test_split
from sklearn.metrics import classification_report
from sklearn.impute import SimpleImputer
# 回帰モデルを基に特徴選択
from sklearn.feature_selection import SelectFromModel
# リッジ回帰 , Lasso 回帰 , 弾性ネット回帰
from sklearn.linear_model import Ridge, Lasso, ElasticNet

# カテゴリ特徴量を数字に変換
def replace_to_digit(dff):
    t = list(set([v for v in dff.values]))
    t.sort()
    vals = [t.index(v) for v in dff.values]
    return vals
```
①

```
# データの準備
def prepare():
    !kaggle datasets download -d mylesoneill/world-university-rankings
    !unzip world-university-rankings.zip
    # 世界大学ランキングのデータを使用
    # 分類に使用する特徴量
    features = ['country', 'national_rank',
                'quality_of_education',
                'alumni_employment', 'quality_of_faculty',
                'publications', 'influence','citations',
                'broad_impact', 'patents', 'score']
    df_train = pd.read_csv('cwurData.csv')
    df_train['country'] = replace_to_digit(df_train['country'])
    X_train = df_train.loc[:,features].values
    y_train = df_train.loc[:,['world_rank']].values.ravel()
    # ビニングによりランキングを４分割
    bins = [0, 250, 500, 750, 1000]
    labels = [0, 1, 2, 3]
    classNames = ['(0,250]', '(250,500]', '(500,750]', '(750,1000]']
    y_cut = pd.cut(df_train.loc[:,['world_rank']].values.ravel(),
                   bins=bins, labels=labels)
    y_train = [c for c in y_cut.codes]
    return X_train, y_train, features, classNames

# 前処理（平均値による欠損値の補完、正規化）
def preprocess(X_train):
    # 平均値による単一代入法                                              ─┐
    simple_imp = SimpleImputer(missing_values=np.nan, strategy='mean')   │
    simple_imp.fit(X_train)                                              │
    X_train = simple_imp.transform(X_train)                              ├──②
    ms = MinMaxScaler()                                                  │
    ms.fit(X_train)                                                      │
    X_train = ms.transform(X_train)                                     ─┘
    return X_train

def main():
    X_train, y_train, features, classNames = prepare()
    print('Original Features ', features)
    X_train = preprocess(X_train)
    X_train, X_test, y_train, y_test = train_test_split(
                    X_train, y_train, random_state=1, train_size=0.8)
    # 特徴選択無し（None）を含め４パターンで評価
    selectors = [None, Ridge(alpha=-0.6),                     ─┐
                 Lasso(alpha=0.02),                            ├──③
                 ElasticNet(alpha=0.0001, l1_ratio=0.7)]      ─┘
    for sel in selectors:
        if sel == None:
```

```
        print('Logistic Regression')
        print('without Feature selection')
        X_train_sel = X_train
        X_test_sel = X_test
    else:
        s_f = SelectFromModel(sel)
        s_f.fit(X_train, y_train)
        print('-- Selected Features by {} --'.format(sel.__class__.__name__))
        for i, f in enumerate(s_f.get_support()):
            if f == 1:
                print('%d: %s' % (f, features[i]))
        X_train_sel = s_f.transform(X_train)
        X_test_sel = s_f.transform(X_test)
        print('Logistic Regression with {} '.format(sel.__class__.__name__))
        print('Feature selection')
    lr = LogisticRegression(max_iter=150)
    lr.fit(X_train_sel, y_train)
    print('\tTest set Accuracy: %.3lf\n' % lr.score(X_test_sel, y_test))
    y_pred = lr.predict(X_test_sel)
    print(classification_report(y_test, y_pred, target_names=classNames))
```

以下、プログラム 4.5 の重要箇所について説明する。

①カテゴリ特徴量の数字への変換

カテゴリ特徴量を数字に変換している。特徴量名でソートすることで、通し番号を振っている。

②平均値による欠損値の補完と、MinMaxScaler による正規化

SimpleImputer クラスによる単一代入法を用いて平均値による欠損値の補完を行っている。また、MinMaxScaler クラスによる正規化も行っている。

③特徴選択手法の準備

特徴選択手法のインスタンスを格納したリストを定義している。Ridge クラスを用いたリッジ回帰による特徴選択では正則化パラメータ alpha を－0.6、Lasso クラスを用いた Lasso 回帰による特徴選択では alpha を 0.02 としている。ElasticNet クラスを用いた弾性ネット回帰による特徴選択では、alpha に 0.0001、正則化項の L1 ノルムと L2 ノルムの割合を示す l1_ratio に 0.7（L1 ノルム :L2 ノルム =7:3）を指定している。

④特徴選択

SelectFromModel クラスのインスタンスを生成し、引数に指定された特徴選択手法に基づき、fit により特徴選択している。

⑤選択された特徴量に基づく予測モデルの学習と評価

選択された特徴量をもとにロジスティック回帰による予測モデルを学習し、精度評価を行っている。

```
Logistic Regression
without Feature selection
        Test set Accuracy: 0.850

              precision    recall  f1-score   support

     (0,250]       0.92      0.96      0.94       140
   (250,500]       0.80      0.79      0.80       106
   (500,750]       0.77      0.73      0.75        94
  (750,1000]       0.88      0.87      0.87       100

    accuracy                           0.85       440
   macro avg       0.84      0.84      0.84       440
weighted avg       0.85      0.85      0.85       440
```

(a) 特徴選択無し

```
-- Selected Features by Ridge --
1: alumni_employment
1: publications
1: broad_impact
1: score
Logistic Regression with Ridge
Feature selection
        Test set Accuracy: 0.852

              precision    recall  f1-score   support

     (0,250]       0.93      0.91      0.92       140
   (250,500]       0.76      0.76      0.76       106
   (500,750]       0.77      0.79      0.78        94
  (750,1000]       0.91      0.92      0.92       100

    accuracy                           0.85       440
   macro avg       0.85      0.85      0.85       440
weighted avg       0.85      0.85      0.85       440
```

リッジ回帰により選択された4個の特徴量

(b) リッジ回帰による特徴選択を行った場合

〔図 4.6〕特徴選択（リッジ回帰）の有無による予測精度の比較

図 4.6 は、プログラム 4.5 の実行結果の一部であり、特徴選択を行わない場合とリッジ回帰による特徴選択を行った場合を比較している。この比較結果より、特徴選択を行うことで精度が向上することがわかる。

クラス RidgeCV, LassoCV, ElasticNetCV を用いると、あらかじめ準備した正則化パラメータの候補の中から、最も適した値を選択することができる。プログラム 4.6 に、これらのクラスの使用例を示す。使用するデータは、プログラム 4.5 と同じである。

プログラム 4.6

```
# プログラム 4.5 と同じクラス、モジュールのインポートは省略
# リッジ回帰 , Lasso 回帰 , RidgeCV, LassoCV をインポート
from sklearn.linear_model import Ridge, Lasso, RidgeCV, LassoCV
# ElasticNet, ElasticNetCV をインポート
from sklearn.linear_model import ElasticNet, ElasticNetCV
```

```
# 使用するメソッドはプログラム 4.5 と同じなので省略する。
# main() 関数のみ掲載する。

def main():
    X_train, y_train, features, classNames = prepare()
    print('Original Features ', features)
    X_train = preprocess(X_train)
    X_train, X_test, y_train, y_test = train_test_split(
                                         X_train, y_train,
                                         random_state=0,
                                         train_size=0.9)
    # 正則化項のパラメータ alpha の候補をタプルで定義
    alphas = (0.01, 0.5, 1.0)
    cvs = [RidgeCV(alphas=alphas),                  ─┐
           LassoCV(alphas=alphas),                    ├─ ①
           ElasticNetCV(alphas=alphas)]             ─┘
    selectors = [Ridge(), Lasso(), ElasticNet()]
    for cv, sel in zip(cvs, selectors):
        # リッジ回帰、Lasso 回帰、弾性ネット回帰の
        # 正則化パラメータの選択を行う
        # また、選択されたパラメータを用いた特徴選択を
        # 行い、ロジスティック回帰により学習と予測を行う
        print('Logistic Regression with {} \
               Feature Selection'.format(cv.__class__.__name__))
        cv.fit(X_train, y_train)                    ─┐
        print(cv.alpha_)                              │
        sel.alpha = cv.alpha_                         ├─ ②
        s_f = SelectFromModel(sel)                    │
        s_f.fit(X_train, y_train)                   ─┘
        print('- Selected Features by {} -'.format(sel.__class__.__name__))
      for i, f in enumerate(s_f.get_support()):
          if f == 1:
              print('%d: %s' % (f, features[i]))
      X_train_sel = s_f.transform(X_train)
      X_test_sel = s_f.transform(X_test)
      lr = LogisticRegression()
      lr.fit(X_train_sel, y_train)
      y_pred = lr.predict(X_test_sel)
      print('\tTest set Accuracy: %.3lf\n' % lr.score(X_test_sel, y_test) )
      print(classification_report(y_test, y_pred, target_names=classNames))
```

以下、プログラム 4.6 の重要箇所について説明する。

①パラメータ候補（alphas）を指定してインスタンスを生成

RidgeCV, LassoCV, ElasticNetCV クラスのインスタンスを生成する際に、①で定義したパラメータ候補が格納された alphas を引数に指定している。

② SelectFromModel による特徴選択

fit によって、最適な値として選択された正則化パラメータを、各特徴選択手法の alpha に代入し、SelectFromModel クラスを用いて特徴選択を行っている。

図 4.7 に、プログラム 4.6 の実行結果の一部を示す。ElasticNetCV によって特徴選択に最適な正則化パラメータが選択され、これを用いて ElasticNet により 4 つの特徴量が選択されている。

4.2 次元削減

次元削減（dimensionality reduction）は、特徴量ベクトルの次元数を減らす処理であり、モデルのサイズ縮小や学習時間の短縮につながる。また、高次元データを可視化するために 2 次元や 3 次元のデータに変換する際にも用いられる。前節で述べた特徴選択とは異なり、次元削減では、元の特徴量の集合から新たな特徴量を作成する。本節では、次元削減によく用いられる手法を紹介する。

4.2.1 線形次元削減手法

主成分分析

主成分分析（principal component analysis; PCA）は、データを表現する座標系（基底）を変換して、データの変動をよく表すような座標系を見つけ出す手法である。変動の小さい方向の座標軸を無視することにより、元のデータを低次元のデータで近似することができる。データの変動の大きさは分散により測る。また、低次元に変換した際の基底を特に**主成分**（principal component）とよぶ。

PCA を用いて、多次元データを 2 次元や 3 次元のような低次元のデータに変換することができるため、データの関係性を大まかに把握したいときによく用いられる。また、PCA では、

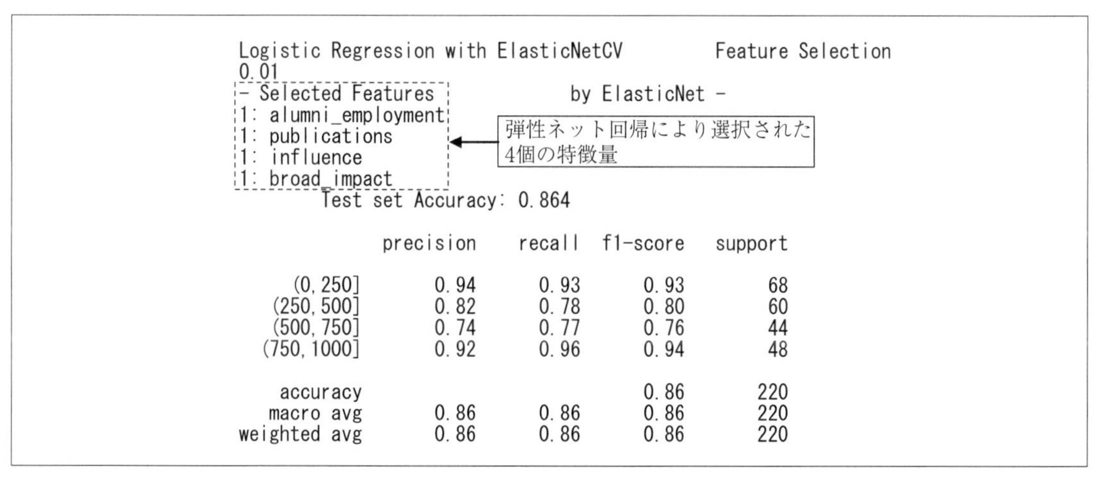
```
Logistic Regression with ElasticNetCV        Feature Selection
0.01
- Selected Features                  by ElasticNet -
1: alumni_employment
1: publications
1: influence
1: broad_impact
        Test set Accuracy: 0.864

              precision    recall  f1-score   support

     (0,250]       0.94      0.93      0.93        68
   (250,500]       0.82      0.78      0.80        60
   (500,750]       0.74      0.77      0.76        44
  (750,1000]       0.92      0.96      0.94        48

    accuracy                           0.86       220
   macro avg       0.86      0.86      0.86       220
weighted avg       0.86      0.86      0.86       220
```


〔図 4.7〕ElasticNetCV によるランキング予測の精度評価

各主成分が全体の中でどれだけの変動の割合を占めるかという寄与率を算出できるため、最終的に必要な主成分の数を決定しやすいという利点がある。

非負値行列因子分解

非負値行列因子分解（non-negative matrix factorization; NMF）は、非負値（負でない値）のみからなる行列を加法的な構成成分に分解する多変量解析手法の一種である。NMFでは、対象となるデータ集合（特徴量行列）に負の値を含んではいけないという制約がある。また、分解後の行列にも負の値を含まない。この特性によって、結果として得られる行列が解釈しやすいという利点がある。

NMFでは、式（4-9）に示すように、非負値行列 $\mathbf{V}_{M\times N}$ を2つの非負値行列 $\mathbf{W}_{M\times K}$（基底行列）と $\mathbf{H}_{K\times N}$（係数行列）の積で近似する。NMFによる特徴量の次元削減では、係数行列 $\mathbf{H}_{K\times N}$ が次元削減後のデータ（次元数は K）となる。

$$\begin{aligned}&\mathbf{V}_{M\times N} \approx \mathbf{W}_{M\times K}\mathbf{H}_{K\times N}\\&K \le \min(M,N)\end{aligned} \quad \text{(4-9)}$$

NMFはPCAと異なり、次元削減後の特徴量の重要度を寄与率などの値で知ることができない。したがって、最適な次元数の特徴量を得るためには試行錯誤が必要となる。

プログラム4.7に、多次元データをPCAおよびNMFにより次元削減し、2次元平面上にプロットする例を示す。このプログラムで用いるデータには、パーキンソン病患者の音声（音の明瞭度、音量、ピッチ範囲など）に関する22次元の特徴量と健康状態が登録されている。

プログラム 4.7

```
import pandas as pd
import numpy as np
# 主成分分析（PCA）を使用するためにインポート
from sklearn.decomposition import PCA
# 非負値行列因子分解（NMF）を使用するためにインポート
from sklearn.decomposition import NMF
# 正規化のためにインポート
from sklearn.preprocessing import MinMaxScaler
# 可視化用にインポート
import matplotlib.pyplot as plt
%matplotlib inline

# データの準備
!kaggle datasets download -d debasisdotcom/parkinson-disease-detection
!unzip parkinson-disease-detection.zip
df = pd.read_csv('Parkinsson disease.csv')
print(df)
# 数値でない 'name' の列を削除
df.drop('name', axis=1, inplace=True)
X1 = df[ df['status'] == 0 ].values
X2 = df[ df['status'] == 1 ].values
```

```
# PCA の実行 ( 次元数を n_components で指定)
pca = PCA(n_components=2, random_state=1)
X = pca.fit(df.values)
X1 = pca.transform(X1)
X2 = pca.transform(X2)
# 可視化
plt.scatter(X1[:,0], X1[:,1], c='red', marker='^', alpha=0.5)
plt.scatter(X2[:,0], X2[:,1], c='blue', marker='*', alpha=0.5)
plt.legend(('Healthy', 'Parkinson' ), loc=3)
plt.savefig('PCA_disease.png', dpi=500)
plt.show()

# NMF の実行 ( 次元数を n_components で指定)
# 非負値を含まないように正規化してから実行
X = df.values
X1 = df[ df['status'] == 0 ].values
X2 = df[ df['status'] == 1 ].values
ms = MinMaxScaler()
ms.fit(X)
X1 = ms.transform(X1)
X2 = ms.transform(X2)
nmf = NMF(n_components=2, max_iter=300, random_state=1)
# 行列 H1,H2 は次元削減後の特徴量行列
# 行列 W1,W2 はデータを線形近似するための基底行列
nmf.fit(X1)
H1 = nmf.transform(X1)
W1 = nmf.n_components_
nmf.fit(X2)
H2 = nmf.transform(X2)
W2 = nmf.n_components_

# 可視化
plt.scatter(H1[:,0], H1[:,1], c='red', marker='^', alpha=0.5)
plt.scatter(H2[:,0], H2[:,1], c='blue', marker='*', alpha=0.5)
plt.legend(('Healthy', 'Parkinson' ), loc=3)
plt.savefig('NMF_disease.png', dpi=500)
plt.show()
```

プログラム4.7の実行結果を図4.8に示す。健常者（Healthy）とパーキンソン病患者（Parkinson）のデータが2次元平面上に示されており、データ間の関係性やデータのばらつきを大まかに確認することができる。

正準相関分析

正準相関分析（canonical correlation analysis; **CCA**）は、異なる2種類のデータ集合間の相関

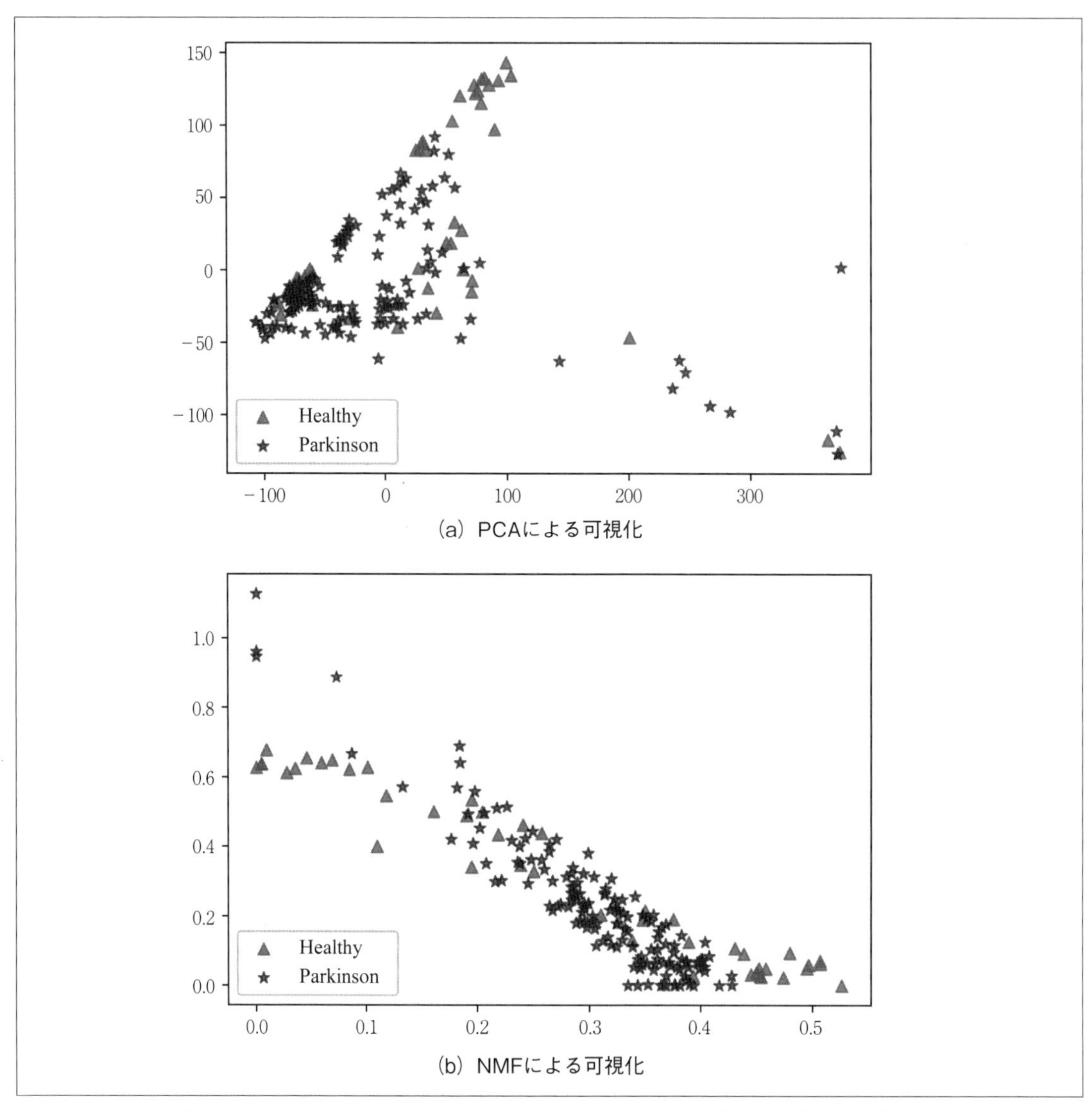

(a) PCAによる可視化

(b) NMFによる可視化

〔図4.8〕PCAとNMFによるパーキンソン病患者の音声特徴量の可視化

係数が大きくなるようにデータを共通の空間（正準空間）に射影する手法である。正準空間の次元数を元のデータの次元数よりも小さくすることで、次元削減を行うことができる。CCAは線形構造をもつデータを対象とした手法であるが、非線形構造をもつデータへの拡張[3]や深層学習に基づく手法[4]なども提案されている。

[3] https://github.com/gallantlab/pyrcca

[4] https://github.com/Michaelvll/DeepCCA

プログラム 4.8 に、同じ被験者集合から取得した 2 種類の高次元の特徴量ベクトルに対して CCA を実行し、それぞれを 2 次元に変換することで可視化する例を示す。このプログラムでは、第 2 型糖尿病患者を対象にラマン分光法を用いて複数の部位をスキャンして取得したスペクトルデータを用いる。

プログラム 4.8

```
import pandas as pd
import numpy as np
# 可視化用にインポート
import matplotlib.pyplot as plt
%matplotlib inline
from sklearn.cross_decomposition import CCA

# データの準備
!kaggle datasets download -d codina/raman-spectroscopy-of-diabetes
!unzip raman-spectroscopy-of-diabetes.zip

# 特徴量 (thumbNail, innerArm)
# 親指の爪 (thumbNail) のデータを読み込む
df_thumb = pd.read_csv('thumbNail.csv', header=[0])
# 糖尿病患者のデータだけに絞り込む ('has_DM2' が 1)
df_thumb_hasDM2 = df_thumb.query('has_DM2 == "1"')
# 糖尿病患者の ID のリストを作成
patient_IDs = df_thumb_hasDM2['patientID'].values
df_thumb_hasDM2.drop(['patientID', 'has_DM2'], axis=1, inplace=True)

# 健常者のデータだけに絞り込む ('has_DM2' が 0)
df_thumb_healthy = df_thumb.query('has_DM2 == "0"')
# 健常者の ID のリストを作成
healthy_IDs = df_thumb_healthy['patientID'].values
df_thumb_healthy.drop(['patientID', 'has_DM2'], axis=1, inplace=True)
df_thumb.drop(['patientID', 'has_DM2'], axis=1, inplace=True)

# 内腕 (innerArm) のデータを読み込む
df_arm = pd.read_csv('innerArm.csv', header=[0])
df_arm_hasDM2 = df_arm.query('has_DM2 == "1"')
df_arm_hasDM2.drop(['patientID', 'has_DM2'], axis=1, inplace=True)
df_arm_healthy = df_arm.query('has_DM2 == "0"')
df_arm_healthy.drop(['patientID', 'has_DM2'], axis=1, inplace=True)
df_arm.drop(['patientID', 'has_DM2'], axis=1, inplace=True)

# CCA クラスのインスタンス生成
# 2 次元に変換するため、n_components に 2 を設定
cca = CCA(n_components=2)
# 特徴量ベクトルを NumPy 形式に変換する
```

```
t = np.array(df_thumb.values)
a = np.array(df_arm.values)
t1 = np.array(df_thumb_hasDM2.values)
a1 = np.array(df_arm_hasDM2.values)
t2 = np.array(df_thumb_healthy.values)
a2 = np.array(df_arm_healthy.values)

# CCAを実行
cca.fit(t, a)
t1_c = cca.transform(t1)
a1_c = cca.transform(a1)                 ①
t2_c = cca.transform(t2)
a2_c = cca.transform(a2)

# 2次元特徴量を可視化
def makeGraph(type, data, texts, legends, colors, markers):
    fig = plt.figure()
    ax = fig.add_subplot(111)
    for n, d in enumerate(data):
        for i, (dim1,dim2,id) in enumerate( \
                  zip(d[:,0], d[:,1], texts[n]) ):
            if i == 0:
                ax.plot(dim1, dim2, c=colors[n],\
                        marker=markers[n], alpha=0.8, \
                        label=legends[n])                 ②
            else:
                ax.plot(dim1, dim2, c=colors[n],\
                        marker=markers[n], alpha=0.8)
            if i % 6 == 0:
                ax.annotate(id,(dim1,dim2))
    ax.legend(loc=0)
    plt.savefig('CCA_plot_{}.png'.format(type), dpi=500)
    plt.show()

print('thumbNail:\n{}\n'.format(t1_c[:5]))
print('innerArm:\n{}\n'.format(a1_c[:5]))
legends = ['thumbNail_DM2', 'thumbNail_healthy',
           'innerArm_DM2', 'innerArm_healthy']
colors = ['red', 'blue', 'orange', 'green']
markers = ['^', '+', 'v', 'x']
ids = [patient_IDs, healthy_IDs]
makeGraph('DM2_and_healthy', [t1_c, t2_c, a1_c, a2_c],
          np.repeat(ids, 2, axis=0), legends, colors, markers)
```

以下、プログラム4.8の重要箇所について説明する。

① CCA の実行とデータの変換

CCA クラスのインスタンス cca のメソッド fit により、全員分の特徴量 thumNail, innerArm のラマンスペクトルデータに対して CCA を実行している。また、transform を用いて、糖尿病患者と健常者の thumbNail, innerArm のデータを 2 次元の特徴量ベクトルに変換している。

②データの可視化

CCA によりラマンスペクトルデータから変換した 2 次元の特徴量ベクトルを可視化している。ここでは、糖尿病患者と健常者に分けて散布図を作成している。

プログラム 4.8 の実行結果の一部を図 4.9 に示す。異なる特徴量（thumbNail, innerArm）を同じ特徴量空間上で可視化することで、患者間の 2 種類のラマンスペクトルの類似性を比較できるようになっている。

線形判別分析

主成分分析（PCA）では、データの分散を最大化するような座標系を見つけることにより次元削減を行っていた。これに対し、**線形判別分析**（linear discriminant analysis; LDA）は、クラス間の分散を最大化し、クラス内の分散を最小化するような座標系を見つける手法であり、次元削減やクラス分類タスク、特徴量抽出などによく用いられている。PCA は正解ラベルを必要としない教師なしの手法であるが、LDA はクラス間およびクラス内の分散を用いるため、データに対してあらかじめ付与されたクラスのラベルが必要となる。また、LDA では、データの分布が正規分布に従うこと、各クラスが同じ共分散行列を持つこと、変数が互いに独立していることなどを仮定している。

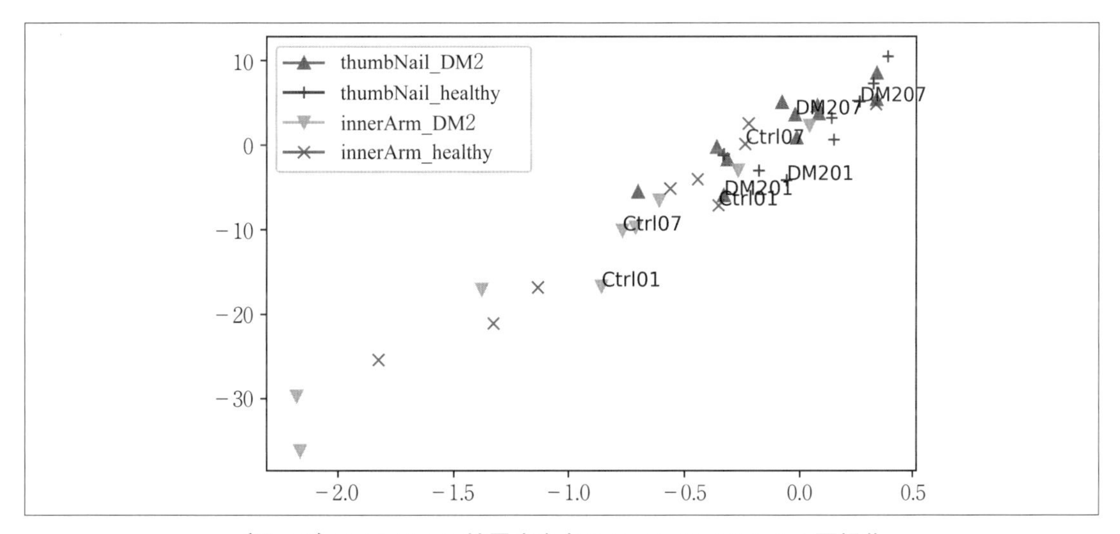

〔図 4.9〕CCA による糖尿病患者のラマンスペクトルの可視化

　プログラム 4.9 に、sklearn の LinearDiscriminantAnalysis クラスを用いて、次元削減を行う具体例を示す。このプログラムでは、1960 年～2019 年の各年代にリリースされた楽曲のエネルギー、テンポ、ダンス性などを数値化した音響特徴量のデータを用いる。それぞれの楽曲に対して、Hot-100 track のヒットチャートに少なくとも 1 度はランクインしたか否かが予測クラスとして登録されている。プログラム 4.9 では、LDA により特徴量ベクトルを 15 次元から 1 次元へと次元削減した後、楽曲のヒットの有無を予測し、次元削減しない場合との予測精度の比較を行っている。

プログラム 4.9

```
import pandas as pd
import numpy as np
from sklearn.linear_model import LogisticRegression
from sklearn.preprocessing import StandardScaler
from sklearn.model_selection import train_test_split
from sklearn.impute import SimpleImputer
# LDA を利用するためにインポート
from sklearn.discriminant_analysis import  LinearDiscriminantAnalysis
from sklearn.metrics import accuracy_score, classification_report

def prepare():
    !kaggle datasets download -d theoverman/the-spotify-hit-predictor-dataset
    !unzip the-spotify-hit-predictor-dataset.zip
    data, labs = [], []                                              ┐
    years = ['60', '70', '80', '90', '00', '10']                     │
    for yi, year in enumerate(years):                                │
        df = pd.read_csv('./dataset-of-%ss.csv' % year )             │
        if len(data) == 0:                                           │
            data = df                                                │
        else:                                                        ├── ①
            data = pd.concat( [data, df] )                           │
    print(len(data))                                                 │
    features = []                                                    │
    for f in data.columns.values[:-1]:                               │
        if not f in ['track', 'artist', 'uri', 'target']:            │
            features.append(f)                                       ┘

    X_train = data.loc[:, features].values
    y_train = data.loc[:, ['target']].values.ravel()
    print(len(X_train), len(y_train))
    return X_train, y_train, years

# 欠損値の補完、標準化
def preprocess(x):
    # 単一代入法
```

```
    simple_imp = SimpleImputer(missing_values=np.nan, strategy='mean')
    simple_imp.fit( x )
    x_imp = simple_imp.transform(x)
    sc = StandardScaler()
    x_std = sc.fit_transform(x_imp)
    return x_std

def main():
    X_train, y_train, years = prepare()
    labels = ['hit', 'flop']
    n_class = len(labels)
    X_train_std = preprocess(X_train)
    X_train_std, X_test_std, y_train, y_test =\
                train_test_split(X_train_std, y_train,
                                 train_size=0.7, random_state=1)
    print('次元削減無し，ロジスティック回帰')
    lr = LogisticRegression()
    lr.fit(X_train_std, y_train)
    y_pred = lr.predict(X_test_std)
    print('Accuracy: %.2f' % accuracy_score(y_test,y_pred))
    print(classification_report(y_test, y_pred, target_names=labels))
    print('\n--LDAで次元削減(次元数:%d)および予測--' % (n_class-1))
    # LDAでは、次元削減できる次元数の上限は、
    # "クラス数-1" となる。
    lda = LinearDiscriminantAnalysis(n_components=n_class-1)      ─┐
    X_train_lda = lda.fit_transform(X_train_std, y_train)           │
    print(X_train_lda[0])                                           │
    X_test_lda = lda.transform(X_test_std)                          ├─②
    lr = LogisticRegression()                                       │
    lr.fit(X_train_lda, y_train)                                    │
    y_pred = lr.predict(X_test_lda)                                ─┘
    print('Accuracy: %.2f' % accuracy_score(y_test,y_pred))
    print(classification_report(y_test, y_pred, target_names=labels))
```

以下、プログラム4.9の重要箇所について説明する。

①データの準備

年代別に分けられているCSVファイルからデータを読み込み、concatを用いて1つのデータフレームに連結している。また、使用しないカテゴリ特徴量（'track', 'artist', 'uri', 'target'）を除いた特徴量名を格納したリストfeaturesを作成している。

② LDAを用いた次元削減

LinearDiscriminantAnalysisクラスのインスタンスldaを生成している。次元削減後の次元数を指定するn_componentsには、クラス数から1を引いた数（クラスはhit, flopの2値であるため、1となる）を設定している。また、fit_transformを用いて、学習データとテストデータを

```
次元削減無し, ロジスティック回帰
Accuracy: 0.73
              precision    recall  f1-score   support

         hit       0.78      0.64      0.70      6169
        flop       0.69      0.82      0.75      6163

    accuracy                           0.73     12332
   macro avg       0.74      0.73      0.73     12332
weighted avg       0.74      0.73      0.73     12332

--LDAで次元削減(次元数:1)および予測--
[-0.39718833]
Accuracy: 0.73
              precision    recall  f1-score   support

         hit       0.77      0.66      0.71      6169
        flop       0.70      0.80      0.75      6163

    accuracy                           0.73     12332
   macro avg       0.73      0.73      0.73     12332
weighted avg       0.73      0.73      0.73     12332
```

〔図 4.10〕LDA を用いた次元削減の有無による予測精度の比較

それぞれ LDA により次元削減している。

図 4.10 に、プログラム 4.9 の実行結果を示す。LDA によって特徴量ベクトルの次元数を 15 次元から 1 次元へと削減しているにもかかわらず、精度は低下していないため、LDA による次元削減の有効性を確認できる。

LDA では、次元削減後の次元数を指定するパラメータ n_components に None を指定して次元削減を実行すると、各特徴量の寄与率を得ることができる。この寄与率の総計があるしきい値以上になるまで、寄与率の高い順に加えていくことで、必要な次元数を決定できる。プログラム 4.10 に、n_components に None を指定した例を示す。分析対象のデータは、2,548 次元の脳波（Electroencephalogram; EEG）の特徴量に対して感情ラベル（POSITIVE, NEGATIVE, NEUTRAL）を付与したものである。このプログラムでは、寄与率の総計が 0.97 になるような次元数を求めた後、LDA により次元削減し、モデルの学習・予測を行う。また、次元削減した特徴量の可視化も行っている。

プログラム 4.10

```
import pandas as pd
import numpy as np
import random
import matplotlib.pyplot as plt
%matplotlib inline
```

```
from sklearn.preprocessing import StandardScaler
from sklearn.model_selection import train_test_split
from sklearn.impute import SimpleImputer
from sklearn.discriminant_analysis import LinearDiscriminantAnalysis
from sklearn.metrics import accuracy_score, classification_report

# データの準備
def prepare():
    !kaggle datasets download -d birdy654/eeg-brainwave-dataset-feeling-emotions
    !unzip eeg-brainwave-dataset-feeling-emotions.zip
    data, labs, features = [], [], []
    data = pd.read_csv('emotions.csv')
    print(len(data))
    for f in data.columns.values[:-1]:
        features.append(f)
    labels = ['POSITIVE', 'NEGATIVE', 'NEUTRAL']
    lbmp = {'POSITIVE':0, 'NEGATIVE':1, 'NEUTRAL':2}
    data['label'].replace(lbmp, inplace=True)
    X_train = data.loc[:, features].values
    y_train = data.loc[:, ['label']].values.ravel()
    print(len(X_train), len(y_train))
    return X_train, y_train, labels

# 欠損値の補完、標準化
def preprocess(x):
    # 単一代入法
    simple_imp = SimpleImputer(missing_values=np.nan, strategy='mean')
    simple_imp.fit( x )
    x_imp = simple_imp.transform(x)
    sc = StandardScaler()
    x_std = sc.fit_transform(x_imp)
    return x_std

# 最適な特徴量の数を決定する
# object_var は、目標とする寄与率の合計
def select_feature_count(var_ratio, object_var):
    # 累積寄与率を格納する変数
    variance = 0.0
    # 選択された特徴量の数をカウント
    n_comp = 0
    for explained_var in var_ratio:
        variance += explained_var
        n_comp += 1
        if variance > object_var:
            break
    return n_comp
```

```
# 特徴量を2次元平面上に写像
def disp_feature_map(X_data, y_data, labels, flag):
    plt.figure()
    label_list = [labels[int(y)] % y for y in y_data]
    mks = ['o', 'x', '^']
    col = ['r', 'g', 'b']
    lc = [0] * len(labels)
    for (dim1, dim2, label) in zip(X_data[:,0],X_data[:,1], label_list):
        idx = labels.index(label)
        if lc[labels.index(label)] == 0:
            plt.plot(dim1, dim2, marker=mks[idx], c=col[idx],
                     label=label, alpha=0.5)
        else:
            plt.plot(dim1, dim2, marker=mks[idx], c=col[idx], alpha=0.5)
        lc[idx] += 1
    plt.legend()
    plt.title('Feature map of {} data'.format(flag))
    plt.show()

def main():
    n_class = 3
    X_train, y_train, labels = prepare()
    X_train_std = preprocess(X_train)
    X_train_std, X_test_std, y_train, y_test =\
                train_test_split(X_train_std, y_train,
                                 train_size=0.6, random_state=1)
    # n_componentsにNoneを指定する
    lda = LinearDiscriminantAnalysis(n_components=None)
    lda_feature = lda.fit(X_train_std, y_train)
    # 寄与率の配列を取得
    lda_contribution_rates = lda.explained_variance_ratio_
    # 特徴量の数を求める
    # 目標とする寄与率の合計を0.97とする
    n_components = select_feature_count(lda_contribution_rates, 0.97)
    print('\n LDAで次元削減 ( 次元数 :%d) ' % (n_components))
    # 得られた次元数を用いて次元削減を行う
    lda = LinearDiscriminantAnalysis(n_components=n_components)
    X_train_lda = lda.fit_transform(X_train_std, y_train)
    print(X_train_lda[0])
    X_test_lda = lda.transform(X_test_std)
    lda.fit(X_train_lda, y_train)
    y_pred = lda.predict(X_test_lda)
    print('Accuracy: %.2f' % accuracy_score(y_test,y_pred))
    print(classification_report(y_test, y_pred, target_names=labels))
    disp_feature_map(X_train_lda, y_train, labels, 'training')
    disp_feature_map(X_test_lda, y_test, labels,'test')
```

図 4.11 に、プログラム 4.10 の実行結果の一部を示す。LDA により求めた寄与率に基づき、EEG のデータを 2 次元平面上に可視化することができている。また、次元削減後の 2 次元データを用いたクラス予測精度が 0.81 であることから、寄与率に基づく次元削減とクラス予測が有効であることがわかる。

4．2．2　非線形次元削減手法

カーネル主成分分析

PCA は線形変換に基づく次元削減手法であるため、データが線形分離不可能（非線形）な場合には、次元削減を適切に行うことができない場合がある。非線形な構造をもつデータに対しては、主成分分析を拡張した**カーネル主成分分析**（kernel principal component analysis; kernel

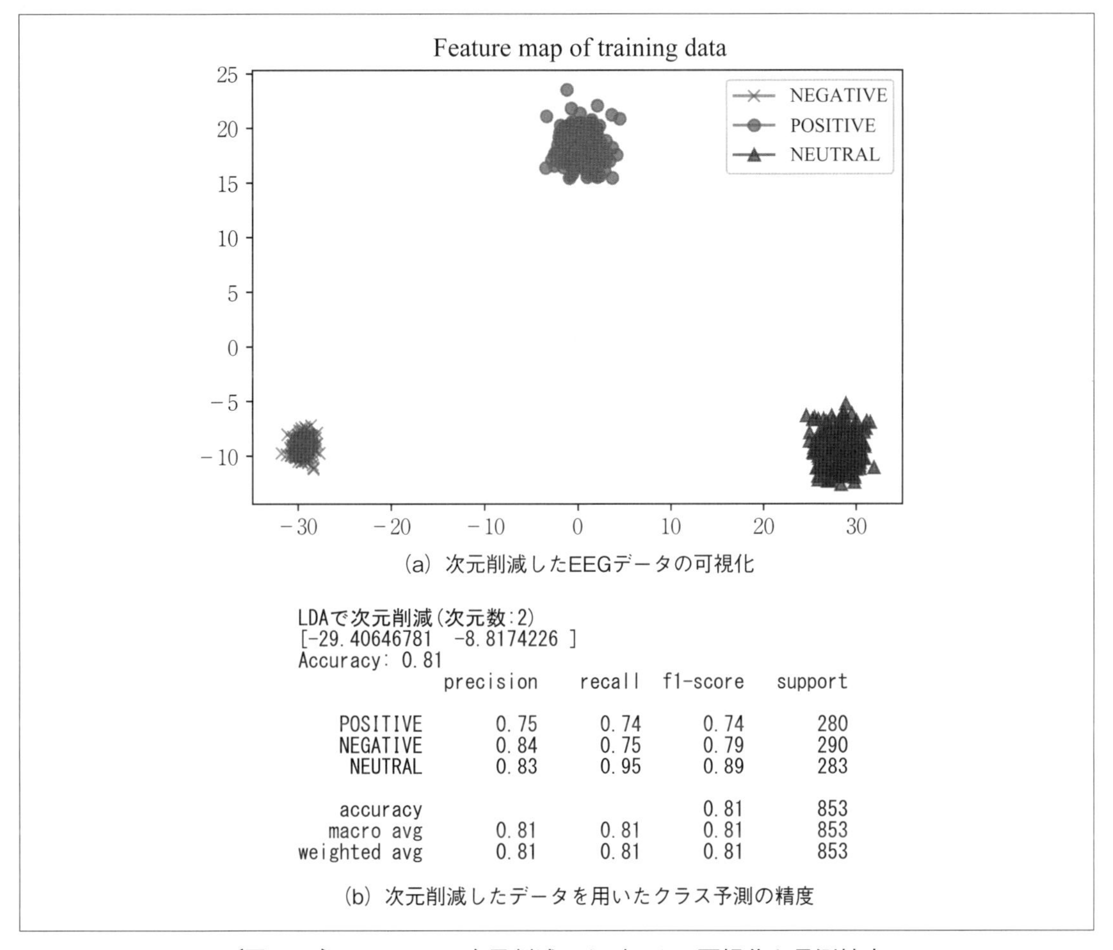

(a) 次元削減したEEGデータの可視化

```
LDAで次元削減(次元数:2)
[-29.40646781  -8.8174226 ]
Accuracy: 0.81
              precision    recall  f1-score   support

    POSITIVE       0.75      0.74      0.74       280
    NEGATIVE       0.84      0.75      0.79       290
     NEUTRAL       0.83      0.95      0.89       283

    accuracy                           0.81       853
   macro avg       0.81      0.81      0.81       853
weighted avg       0.81      0.81      0.81       853
```

(b) 次元削減したデータを用いたクラス予測の精度

〔図 4.11〕LDA により次元削減したデータの可視化と予測精度

PCA）を用いることで、次元削減を行うことができる。カーネル主成分分析（以下、カーネルPCA）では、非線形構造を持つデータを高次元空間に射影することで線形分離を可能にするカーネルトリック（データ間の類似度を求めることができるカーネル関数を用いた方法）を用いる。カーネル関数には、ガウスカーネル（radial basis function kernel）、多項式カーネル（polynomial kernel）、シグモイドカーネル（sigmoid kernel）などが用いられる。

プログラム4.11は、sklearnのKernelPCAを用いて次元削減および可視化する例を示している。KernelPCAではカーネルの種類を選択することができるが、どのカーネルが適しているかはデータに依存するため、試行錯誤により求めることになる。使用するデータは、男女の話者の音声サンプルから抽出した平均周波数やスペクトルエントロピーなど20次元の音声特徴量である。

プログラム4.11

```
import numpy as np
import pandas as pd
# PCAとカーネルPCAを使用するためにインポート
from sklearn.decomposition import PCA, KernelPCA
from sklearn.preprocessing import MinMaxScaler
# 可視化用にインポート
import matplotlib.pyplot as plt
%matplotlib inline

# データの準備
def prepare():
    !kaggle datasets download -d primaryobjects/voicegender
    !unzip voicegender.zip
    df = pd.read_csv('voice.csv')
    df = df.sample(frac=1, random_state=0)
    vec = df.drop('label', axis=1).values
    # 正規化を行う
    ms = MinMaxScaler()
    vec = ms.fit_transform(vec)
    lbs = df.loc[:,['label']].replace({'male':0, 'female':1}).values
    return vec, lbs

# カーネルPCA, PCAによる次元削減と可視化
def graph_Embedding(emb, features, lbs, fname):
    print('\n--{}--'.format(emb.__class__.__name__))
    df = pd.DataFrame(features, columns=list(range(len(features[0]))))
    fspace = emb.fit_transform(df)
    fspace = fspace[:500]
    ndf = pd.DataFrame(fspace, columns=['1', '2'])
    print(ndf.head())
```

```
    n = 0
    labels = [0, 1]
    col = ['red', 'green']
    mks = ['o', '^']
    chk = [0] * 2
    fig = plt.figure()
    ax = fig.add_subplot(111)
    for i, (dim1,dim2,l) in enumerate(zip(fspace[:,0], fspace[:,1], lbs[:,0])):
        if chk[l] == 0:
            print(dim1, dim2)
            ax.plot(dim1, dim2, alpha=0.5, c=col[l],
                    linestyle='None', marker=mks[l], label=labels[l])
        else:
            ax.plot(dim1,dim2,alpha=0.5, linestyle='None', c=col[l],
                    marker=mks[l])
        chk[l] += 1
        n += 1
        if n % 10 == 0:
            ax.annotate(labels[l], xy=(dim1,dim2))
    ax.grid()
    ax.set_xlabel('DIM-1')
    ax.set_ylabel('DIM-2')
    ax.legend()
    ax.set_title('2D plot by {}'.format(fname))
    plt.savefig('voice2Dplot-{}.png'.format(fname), dpi=400)
    plt.show()

def main():
    features, lbs = prepare()
    types = ['KernelPCA-rbf', 'KernelPCA-poly', 'NormalPCA']
    for i, emb in enumerate([KernelPCA(n_components=2, kernel='rbf',
                                       gamma=0.5, random_state=0),
                             KernelPCA(n_components=2, kernel='poly',
                                       gamma=0.03, random_state=0),
                             PCA(n_components=2, random_state=0)]):
        graph_Embedding(emb, features, lbs, types[i])
```

図 4.12 に、プログラム 4.11 の実行結果の一部を示す。カーネル PCA では、カーネルの種類だけでなく、ハイパーパラメータ（gamma）の値によっても結果が変わってくるため、次元削減後のクラス予測の精度などをもとに最適なパラメータ値を見つける必要がある。

t-SNE

t-SNE（t-distributed stochastic neighbor embedding）は、データ間の距離を維持したまま高次元のデータを低次元の空間に埋め込む手法である。主に、高次元データの 2 次元または 3 次元による可視化に用いられる。t-SNE は PCA と比較して、より可視化に適した手法であり、複雑

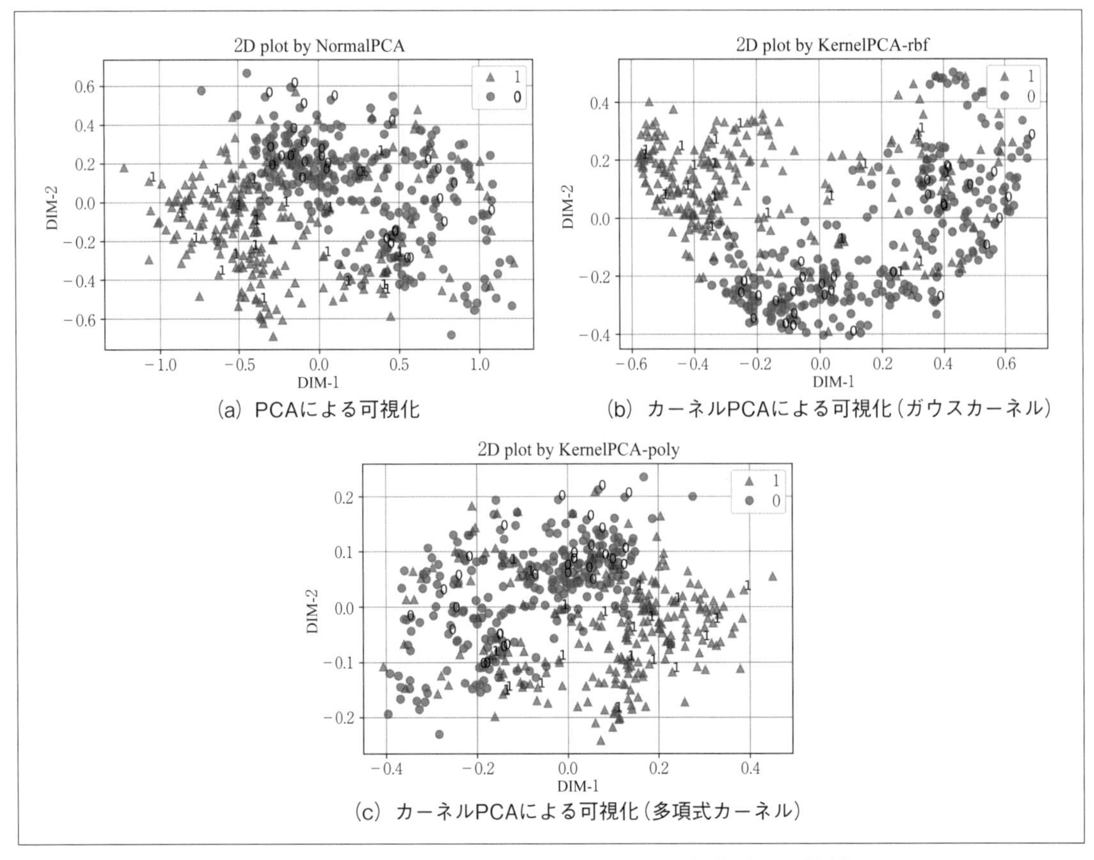

(a) PCAによる可視化
(b) カーネルPCAによる可視化（ガウスカーネル）
(c) カーネルPCAによる可視化（多項式カーネル）

〔図 4.12〕PCA とカーネル PCA による可視化結果の比較

で非線形構造をもつ高次元データも扱うことができる。t-SNE の学習では、パープレキシティ（perplexity）とよぶハイパーパラメータを用いる。これは、次元削減を行う際にデータの近傍点の数をどの程度にするかを決定するパラメータであるが、一般に、データセットの規模が大きいときには大きな値を設定することが多い。

UMAP

UMAP（uniform manifold approximation and projection）は、t-SNE と同様、非線形構造を持つ複雑なデータの可視化に用いることができる次元削減手法である。t-SNE ではデータ間の距離のような局所的な構造を保持するだけであったのに対して、UMAP ではクラスタ間の距離のような大域的な構造も保持でき、データを後から追加で布置することも可能である。また、一般に、t-SNE よりも高速かつ高性能に動作し、次元数が増えても計算時間が極端に増えないように工夫されている。このため、UMAP は可視化だけでなく、機械学習の前処理としての次元削減にも広く用いられている。

プログラム 4.12 に、sklearn の t-SNE のクラスおよびライブラリ umap-learn[5] のクラス UMAP を用いて、英単語の感情特徴データを 2 次元へ次元削減し、可視化する例を示す。使用するデータは、ナイーブベイズ手法を用いて統計的に分類した頻出英単語 24,730 語である。感情のクラスは、嫌悪 (disgust) 、驚き (surprise)、怒り (anger)、悲しみ (sad)、幸福 (happy)、恐怖 (fear)、平静 (neutral) の 7 つである。各英単語には、各感情に対する確率値が登録されている。

[5] https://pypi.org/project/umap-learn/

プログラム 4.12

```
import numpy as np
import pandas as pd
# t-SNE のクラスをインポート
from sklearn.manifold import TSNE
# 可視化用にインポート
import matplotlib.pyplot as plt
%matplotlib inline
# UMAP クラスを使用するためのライブラリをインポート
!pip install umap-learn
import umap

# データの準備
def prepare():
    # 英単語の感情ごとの確率値を登録した
    # データセットを読み込む
    !kaggle datasets download -d iwilldoit/emotions-sensor-data-set
    !unzip emotions-sensor-data-set.zip
    features = ['disgust', 'surprise',
                'neutral', 'anger',
                'sad', 'happy', 'fear']
    df = pd.read_csv('Andbrain_DataSet.csv')            ┐
    words = df.loc[:, ['word']].values                  │
    emotions = df.loc[:, features].values               │
    lbs = []                                            │
    for i in range(len(emotions)):                      ├─ ①
        val = np.max(emotions[i])                       │
        id = list(emotions[i]).index(val)               │
        lbs.append(id)                                  ┘
    return words, emotions, features, lbs

# t-SNE, UMAP による次元削減と可視化
def graph_Embedding(emb, emotions, words, features, lbs):
    print('\n----{}-----'.format(emb.__class__.__name__))
```

```
    df = pd.DataFrame(emotions, columns=features)
    emb.fit(df)
    fspace = emb.fit_transform(df)                          ─②
    ndf = pd.DataFrame(fspace, columns=['1', '2'])
    print(ndf.head())
    plt.figure(figsize=(6,6))
    n = 0
    col = ['red', 'green', 'blue',
           'pink', 'black', 'orange', 'purple']
    mks = ['o', '^', '+', '*', 'x', '<', '.']
    chk = [0] * len(features)
    for (dim1, dim2, word, l) in zip(fspace[:,0], fspace[:,1], words,lbs):
        if chk[l] == 0:
            plt.plot(dim1,dim2,'x',alpha=0.5, c=col[l],
                     marker=mks[l], label=features[l])
        else:
            plt.plot(dim1,dim2,'x',alpha=0.5, c=col[l], marker=mks[l])
        chk[l] += 1
        n += 1
        if n % 50 == 0:
            plt.annotate(word[0], xy=(dim1, dim2))
    plt.grid()
    plt.xlabel('DIM-1')
    plt.ylabel('DIM-2')
    plt.legend()
    plt.title('Mapping of emotion words by {}'.format(emb.__class__.__name__))
    plt.savefig('{}.png'.format(emb.__class__.__name__), dpi=400)
    plt.show()

def main():
    words, emotions, features, lbs = prepare()
    for emb in [TSNE(n_components=2, random_state=0),
                umap.UMAP(n_components=2, random_state=0)]:
        graph_Embedding(emb, emotions, words, features, lbs)
```

以下、プログラム 4.12 の重要箇所について説明する。

①単語データの読み込みと感情ラベルの設定

頻出英単語と感情クラスの確率値のデータを読み込んでいる。可視化時に区別がつきやすいように、単語ごとに最大の確率値の感情をラベルとして保存している。

② t-SNE,UMAP による次元削減

TSNE, UMAP クラスのメソッド fit_transform を用いて次元削減を行ったデータ fspace をデータフレーム ndf に格納している。また、head を用いて次元削減後のデータの一部を画面に表示している。

図4.13に、次元削減後のデータを可視化したものを示す。t-SNEおよびUMAPともに、同じ感情クラスの語が近くに配置される傾向がみられるが、形成されているクラスタの形状や凝

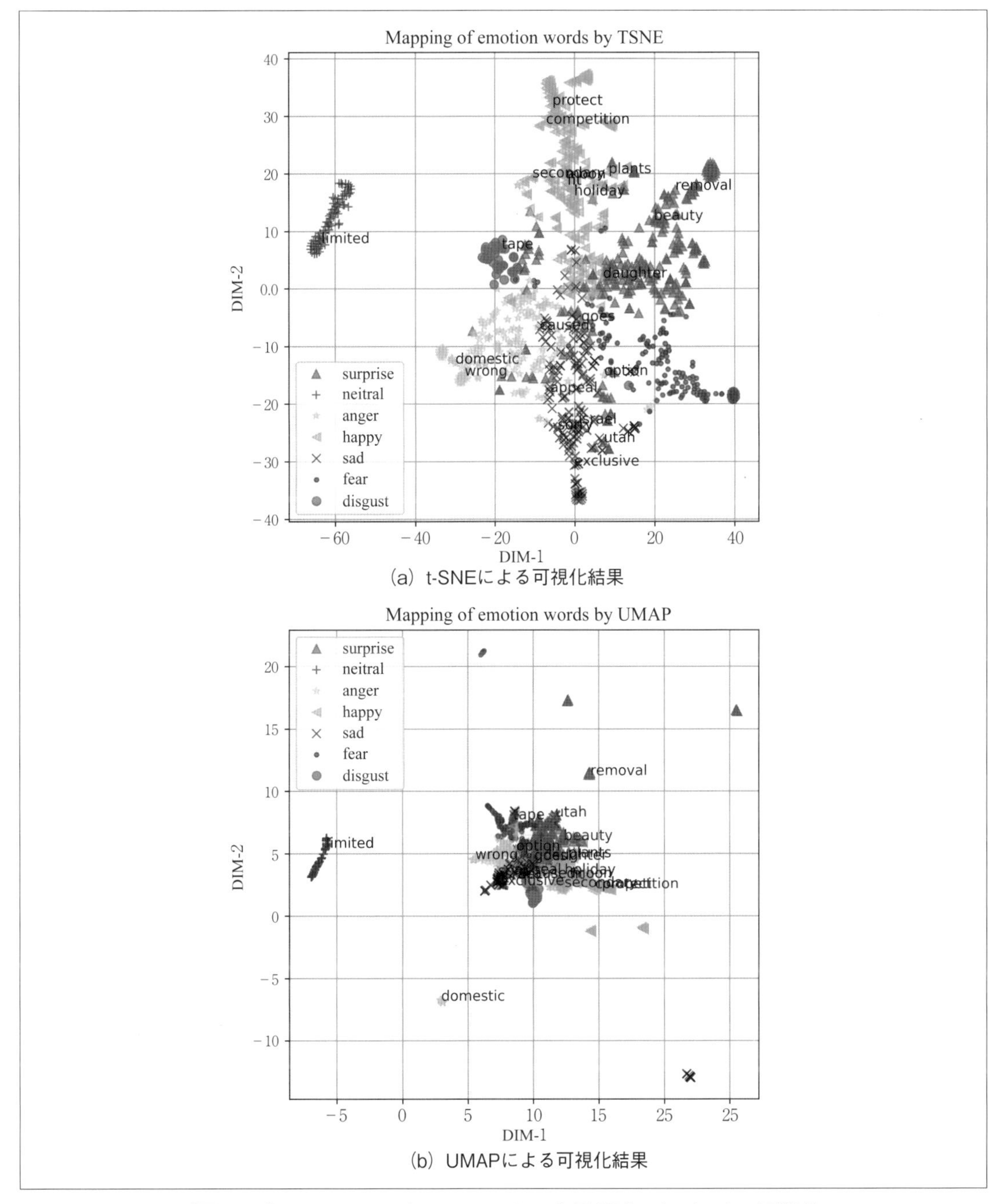

(a) t-SNEによる可視化結果

(b) UMAPによる可視化結果

〔図4.13〕t-SNEおよびUMAPにより次元削減したデータの可視化

集度が異なっている。データの種類によっては、3次元への次元削減および可視化を用いることで、より解釈しやすくなる可能性がある。

4.2.3　そのほかの次元削減手法

多次元尺度構成法

多次元尺度構成法（multi-dimensional scaling; MDS）は、データ間の距離行列を作成し、その行列をもとに、データ間の距離をできるだけ保ったまま、多次元データを低次元（主に2～3次元）空間に射影する手法である。MDSには、データ間の距離に基づく**計量多次元尺度構成法**（**メトリックMDS**）以外にも、**非計量多次元尺度構成法**（**ノンメトリックMDS**）があり、順序尺度のようなものにも適用可能である。そのため、質的データを扱うことが多い心理調査や社会調査でよく用いられている。使用する尺度が異なると、まったく違う結果が得られてしまうことが欠点としてあげられる。

プログラム4.13に、特徴量をもとに距離行列を作成し、MDSにより2次元平面上に射影する例を示す。この例では、距離計算にはユークリッド距離、ミンコフスキー距離、カテゴリ特徴量の一致に基づく距離（dist_category）を用いている。使用するデータは、2002年から2004年までの期間に実施されたスピードデートという実験的なイベントの参加者を対象に行ったアンケートの回答結果である。アンケートの内容は、交際相手を選ぶ際に重視する項目（誠意や知性など）について問うものである。プログラム4.13では、参加者の年齢の違い（18歳と35歳）によって回答結果の傾向に違いがみられるかを、MDSによる可視化を用いて確認している。

プログラム4.13

```
import pandas as pd
import numpy as np
import math
# ユークリッド距離およびミンコフスキー距離を
# 使用するためにインポート
import scipy.spatial.distance as dist
# 多次元尺度構成法を用いるためにインポート
from sklearn.manifold import MDS
import matplotlib.pyplot as plt
%matplotlib inline

# ユークリッド距離
def euc(X1, X2):
    return np.linalg.norm( X1 - X2 )

# ミンコフスキー距離
def minkowski(X1, X2):
    return dist.minkowski(X1, X2, p=3)
```

```
# カテゴリ特徴量の一致に基づく距離
def dist_category(X1, X2):
    dist = 0.0
    for i in range(len(X1)):
        if X1[i] == 'NULL' and X2[i] == 'NULL':
            dist += 1.0
        if X1[i] != X2[i]:
            dist += 1.0
    return math.sqrt(dist)

# 距離行列を作成する
def calc_dist_matrix( X, distfunc ):
    mat = []
    for i in range(len(X)):
        mat.append([])
        for j in range(len(X)):
            if i == j:
                mat[i].append(0.0)
                continue
            d = distfunc(X[i], X[j])
            mat[i].append(d)
    return mat

# 距離行列をもとに MDS による 2 次元空間への配置
def makeGraphMDS(mat, cls, dist_type, ages):
    mds = MDS(n_components=2, dissimilarity='precomputed',
              random_state=2, metric=False)                  ①
    pos = mds.fit_transform(mat)
    plt.figure()
    lbs = ages
    mks = ['*','o']
    cols = ['green','blue']
    chk = [0] * len(mks)
    # MDS によりデータの配置を行う
    for l, x, y in zip(cls, pos[:,0], pos[:,1]):
        li = lbs.index(l)
        if chk[li] == 0:
            plt.plot(x, y, marker=mks[li], label=lbs[li], color=cols[li])
            chk[li]=1
        else:
            plt.plot(x, y, marker=mks[li], color=cols[li])
    plt.title('MDS by {}'.format(dist_type))
    plt.legend()
    plt.savefig('MDS_{}.png'.format(dist_type), dpi=400)
    plt.show()
```

```
# データの読み込み
!kaggle datasets download -d somesh24/speeddating
!unzip speeddating.zip
df = pd.read_csv('speed-dating.csv')

# 欠損値をもつデータを除外
df = df[df['has_null']==0]
# 18歳と35歳のみを対象とする
ages=[18,35]
df = df[df['age'].isin(ages)]
df=df[df.notnull().any(axis=1)]
# 使用する特徴量
features = ['wave', 'age_o','d_age',
            'samerace', 'importance_same_race',
            'importance_same_religion', 'pref_o_attractive',
            'pref_o_sincere', 'pref_o_intelligence',
            'pref_o_funny', 'pref_o_ambitious',
            'pref_o_shared_interests', 'attractive_o',
            'sinsere_o', 'intelligence_o',
            'funny_o', 'ambitous_o', 'shared_interests_o',
            'attractive_important', 'sincere_important',
            'intellicence_important', 'funny_important',
            'ambtition_important',
            'shared_interests_important', 'attractive',
            'sincere', 'intelligence', 'funny', 'ambition',
            'attractive_partner', 'sincere_partner',
            'intelligence_partner','funny_partner',
            'ambition_partner', 'shared_interests_partner',
            'sports', 'tvsports', 'exercise', 'dining',
            'museums', 'art', 'hiking', 'gaming', 'clubbing',
            'reading', 'tv', 'theater', 'movies', 'concerts',
            'music', 'shopping', 'yoga',
            'interests_correlate',
            'expected_happy_with_sd_people',
            'expected_num_interested_in_me',
            'expected_num_matches',
            'like', 'guess_prob_liked', 'met',
            'decision', 'decision_o', 'match']
# 使用するデータ数
max=100
# クラス（年齢）
y = df['age'].values[:max]
ignores=['age']
df.drop(ignores, axis=1, inplace=True)
# 特徴量
x = df.loc[:,features].values[:max]
```

```
# ユークリッド距離に基づく距離計算
dm = calc_dist_matrix( x, euc )
makeGraphMDS(dm, y, 'euc', ages)

# ミンコフスキー距離に基づく距離計算
dm = calc_dist_matrix( x, minkowski )
makeGraphMDS(dm, y, 'minkowski', ages)

# カテゴリの一致数に基づく距離計算
dm = calc_dist_matrix( x, dist_category )
makeGraphMDS(dm, y, 'dist_category', ages)
```
②

以下、プログラム 4.13 の重要箇所について説明する。

① MDS による次元削減

MDS クラスのインスタンス mds を生成している。距離行列は事前に作成しておくため、dissimilarity に 'precomputed' を設定している。また、対象となるデータは非計量データであるため、metric を False とすることで、ノンメトリック MDS を用いている。mds のメソッド fit_transform により距離行列 mat に基づき 2 次元への次元削減を行っている。

②距離行列の作成と可視化

距離行列をメソッド calc_dist_matrix により作成している。引数として、距離行列を作成する対象のデータ X と、距離の種類 f を与えている。用いる距離は、ユークリッド距離 'euc' とミンコフスキー距離 'minkowski'、また、カテゴリ特徴量の一致に基づく距離 'category_dist' である。作成した距離行列 mat に対し、メソッド MakeGraphMDS で MDS による次元削減および可視化を行っている。

図 4.14 に、MDS を用いて可視化した結果の一部を示す。MDS は PCA と異なり、可視化結果の縦軸や横軸に特別な意味はない。データの種類に応じて、メトリック MDS（デフォルト）とノンメトリック MDS（metric を False に設定）を使い分けることで、可視化した結果が PCA などと比べて解釈しやすくなるときがある。

自己組織化写像

自己組織化写像（self-organizing map; SOM）は、Kohonen によって提案されたニューラルネットワークの一種であり、教師なし学習により、多次元データを任意の次元へと変換できる。主に 1 次元～ 3 次元への変換に用いられ、次元削減の手法としてよりも、可視化のために用いられることが多い。

プログラム 4.14 に、日本語俗語の印象データ [6] を SOM により可視化した例を示す。ここでは、Somoclu [7] という SOM のライブラリをインストールして用いている。

[6] https://github.com/chiropon/preprocessing-book
[7] https://somoclu.readthedocs.io/en/stable/

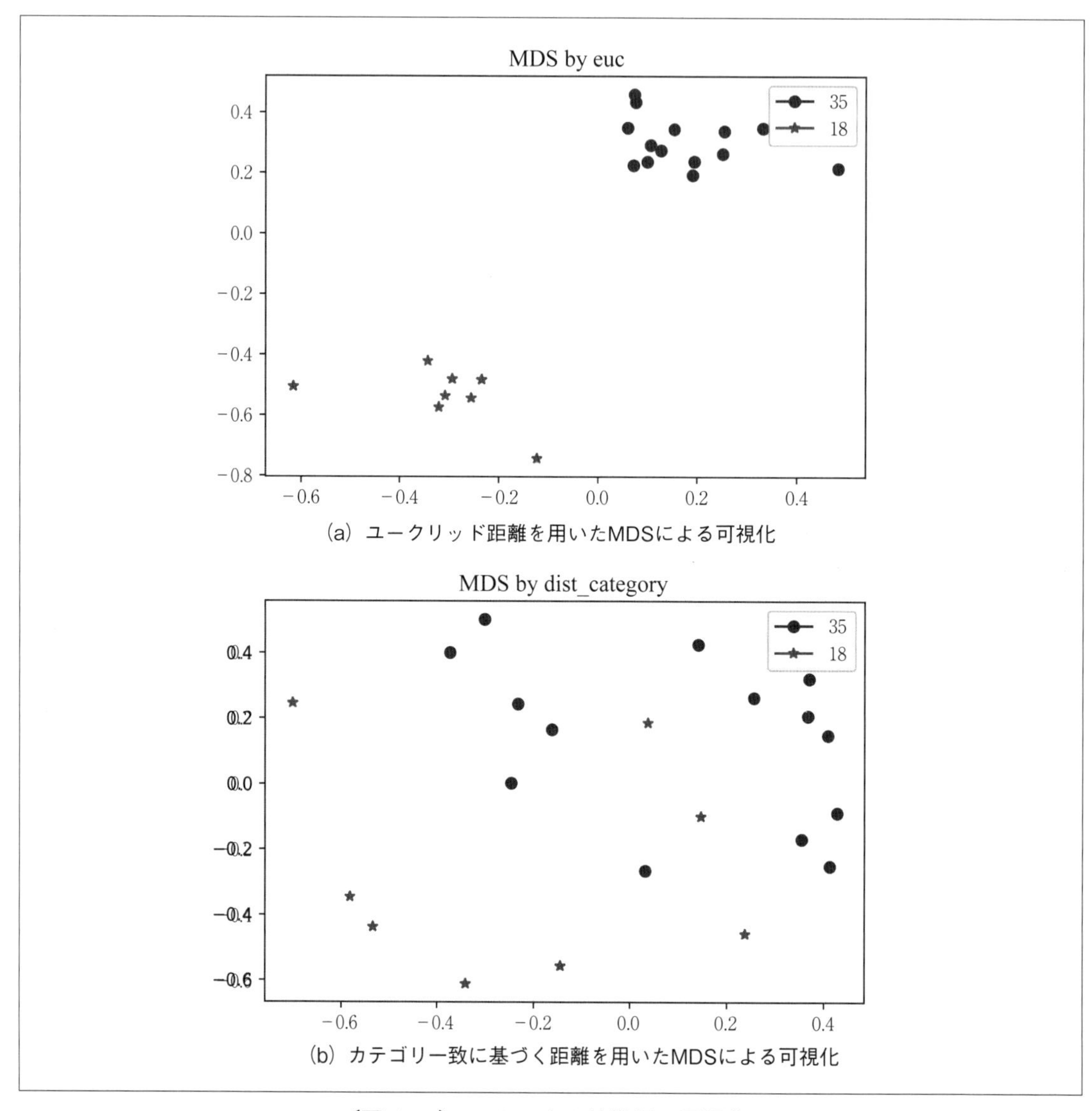

(a) ユークリッド距離を用いたMDSによる可視化

(b) カテゴリ一致に基づく距離を用いたMDSによる可視化

〔図 4.14〕MDS による特徴量の可視化

プログラム 4.14

```
# -*- coding: utf-8 -*-
# matplotlib の日本語化のために必要
!pip install japanize-matplotlib
import pandas as pd
import numpy as np
# SOM のライブラリをインストールしてインポート
!pip install somoclu
```

```
from somoclu import Somoclu
import matplotlib
%matplotlib inline
import matplotlib.pyplot as plt
# 日本語化 matplotlib
import japanize_matplotlib
import seaborn as sns

# 日本語フォント設定
sns.set(font='IPAexGothic')

# 俗語データの読み込み
def load_slangs():
    # github からダウンロード
    !git clone https://github.com/chiropon/preprocessing-book
    slangs = pd.read_csv('preprocessing-book/jslang.csv')
    features = []
    for c in slangs.columns.values:
        if c != 'word':
            features.append(c)
    X = slangs.loc[:, features].values
    y = slangs['word'].values
    return X, y, features

def main():
    X, y, features = load_slangs()
    sample_index = np.random.choice(X.shape[0], 160, replace=False)
    # SOM を用いて可視化
    # データを間引いて表示（40 個）
    sample_X = X[sample_index[:40]]
    sample_y = y[sample_index[:40]]
    # SOM を使って 15x15 のセル上に配置
    som = Somoclu(n_rows=15, n_columns=15, initialization="pca")
    som.train(data=sample_X, epochs=2000)
    # 可視化した結果を PNG 画像で保存
    som.view_umatrix(labels=sample_y, bestmatches=True, filename='som_jslangs.png')
```

プログラム 4.14 の実行結果を図 4.15 に示す。印象の類似する語同士が近くに配置されていることがわかる。

自己符号化器

自己符号化器（autoencoder, self-encoder）はニューラルネットワークの一種であり、少ない数の中間層により、入力データを再現するような出力データが得られるように教師なし学習を行う。入力層に与えた特徴量を符号化するエンコーダ（符号化器）と、符号化されたデータを元の特徴量に復元するデコーダ（復号化器）からなる。入力層よりも少ない数の中間層を用いる

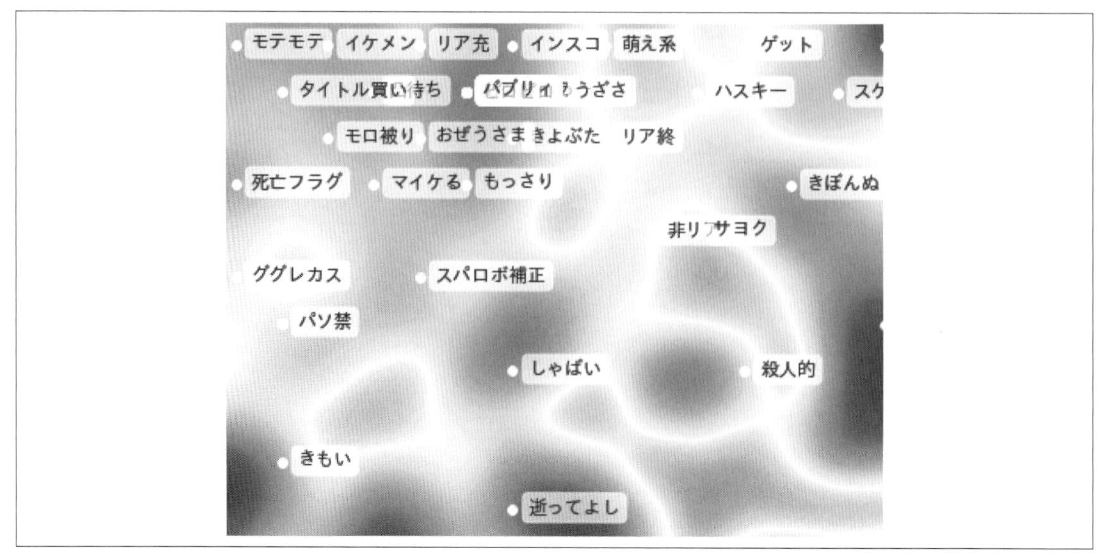

〔図 4.15〕SOM による俗語のもつ印象の可視化

ことで、入力データのもつ潜在的な特徴を中間層で獲得することができる。

プログラム 4.15 に、Keras を用いて構築した自己符号化器により特徴量の次元削減を行い、UMAP により可視化する例を示す。対象とするデータは、スマートフォンに搭載されたセンサにより取得した複数の被験者の動作時の加速度などの特徴量（561 次元）に対し、6 種類の動作クラスが付与されたものである。また、自己符号化器により 512, 256, 128, 64, 32 次元に次元削減したデータを用いて SVM により動作クラスの予測モデルを学習し、予測精度を評価する。

プログラム 4.15

```
import pandas as pd
import numpy as np
from sklearn.svm import SVC
from sklearn.metrics import classification_report
from sklearn.preprocessing import MinMaxScaler
from sklearn.impute import KNNImputer
import tensorflow.keras as keras
from keras.layers import Input, Dense
from keras.models import Model
from keras.optimizers import Adam
# 可視化用にインポート
import matplotlib.pyplot as plt
%matplotlib inline
import seaborn as sns
# UMAP のライブラリをインポート
```

```
import umap

def prepare():
    !kaggle datasets download -d \
    uciml/human-activity-recognition-with-smartphones
    !unzip human-activity-recognition-with-smartphones.zip

# 前処理
def preprocess():
    lbh={'WALKING':0, 'WALKING_UPSTAIRS':1,
          'WALKING_DOWNSTAIRS':2, 'SITTING':3,
          'STANDING':4, 'LAYING':5}
    trainX, trainY = [], []
    testX, testY = [], []
    for nm in ['train', 'test']:
        df = pd.read_csv('%s.csv' % nm)
        print(df)
        df['Activity'] = df['Activity'].map( lbh )
        df=df.dropna()
        features = []
        for f in df.columns.values:
            if not f in ['subject', 'Activity']:
                features.append(f)
        X = df.loc[:, features].values
        y = df.loc[:, ['Activity']].values.ravel()
        if nm == 'train':
            trainX = X
            trainY = y
        else:
            testX = X
            testY = y
    # 正規化
    sc = MinMaxScaler()
    trainX = sc.fit_transform(trainX)
    testX = sc.transform(testX)
    imp = KNNImputer(n_neighbors=6)
    trainX = imp.fit_transform( trainX )
    testX = imp.transform( testX )
    return trainX, trainY, testX, testY, features

# 自己符号化器の作成
# input_dim: 入力次元数 , encoding_dim: 次元削減後の次元数
def make_autoencoder(input_dim, encoding_dim):
    input_data = Input(shape=(input_dim,))
    encoded = Dense(encoding_dim, activation='relu')(input_data)
    decoded = Dense(input_dim, activation='sigmoid')(encoded)
    autoencoder = Model(input_data, decoded)
```

```
    # エンコーダ部分のモデル
    encoder = Model(input_data, encoded)
    # デコーダ部分のモデル
    encoded_input = Input(shape=(encoding_dim,))
    decoder_layer = autoencoder.layers[-1]
    decoder = Model(encoded_input, decoder_layer(encoded_input))
    # 最適化手法に Adam を用いる
    adam = Adam(lr=0.001)
    autoencoder.compile(optimizer=adam, loss='mse')
    autoencoder.summary()
    get_encoder_layer_output = \
                Model(inputs=[autoencoder.layers[0].input],
                      outputs=[autoencoder.layers[1].output])
    return autoencoder, get_encoder_layer_output

# UMAP による次元削減と可視化
def graph_UMAP( hidden_features, labels, encoding_dim):
    print('\n-----UMAP-----')
    # n_components 次元に次元削減
    embedding = umap.UMAP(n_components=2).fit_transform(hidden_features)
    ndf = pd.DataFrame(embedding, columns=['1', '2'])
    print(ndf.head())
    plt.figure(figsize=(8,8))
    cols=['red', 'green', 'blue', 'purple', 'black', 'orange']
    markers=['o', 'x', '^', '*', 's', '+']
    lbs = ['WALKING', 'WALKING_UPSTAIRS',
           'WALKING_DOWNSTAIRS','SITTING','STANDING', 'LAYING']
    lbc = [0] * len(lbs)
    for (dim1, dim2, label) in zip(
                   embedding[:,0], embedding[:,1], labels):
        if lbc[int(label)] == 0:
            plt.plot(dim1, dim2, color=cols[int(label)],
                     alpha=0.3, marker=markers[int(label)],
                     label=lbs[int(label)])
        else:
            plt.plot(dim1,dim2, color=cols[int(label)],
                     marker=markers[int(label)], alpha=0.3)
        lbc[int(label)] += 1
    plt.grid()
    plt.xlabel("DIM-1")
    plt.ylabel("DIM-2")
    plt.legend(loc='lower left')
    plt.savefig('AE-umap-{}.png'.format(encoding_dim))
    plt.show()
    return lbs
```

```
# グラフで精度を表示
def makeResultGraph(encoding_dims, accuracies):
    sns.set()
    sns.set_style('whitegrid')
    sns.set_palette('dark')
    x = np.array(encoding_dims)
    y = np.array(accuracies)
    x_position = np.arange(len(x))
    fig = plt.figure()
    ax = fig.add_subplot(1, 1, 1)
    ax.bar(x_position, y, tick_label=x)
    ax.set_xlabel('encoding dim.')
    ax.set_ylabel('Accuracy(%)')
    fig.savefig('AE-SVM-result.png', dpi=400)
    fig.show()

def main():
    prepare()
    x_train, y_train, x_test, y_test, features = preprocess()
    input_dim = len(features)
    accuracies = []
    encoding_dims = [512, 256, 128, 64, 32, 16, 8, 4]
    for encoding_dim in encoding_dims:
        autoencoder, get_encoder_layer_output = make_autoencoder(input_dim, encoding_dim)
        x_train = x_train.reshape((len(x_train), np.prod(x_train.shape[1:])))
        x_test = x_test.reshape((len(x_test), np.prod(x_test.shape[1:])))
        # 学習の実行 (epoch 数は 300, バッチサイズは 512)
        history = autoencoder.fit(x_train, x_train,
                                  epochs=300,
                                  batch_size=512,
                                  shuffle=True,
                                  verbose=0,validation_split=0.2)
        # 中間層の出力をテストデータに対して得る
        layer_output = get_encoder_layer_output(x_test)
        print('Dim. %d' %len(layer_output[0]))
        print(layer_output)
        # UMAP で encoding_dim -> 2 次元に変換
        lbs = graph_UMAP(layer_output, y_test, encoding_dim)
        # SVM で分類
        print('SVM で分類器を学習・評価 ')
        # 学習データも自己符号化器により次元削減する
        train_output = get_encoder_layer_output(x_train)
        svm = SVC()
        svm.fit(train_output, y_train)
        y_pred = svm.predict(layer_output)
        clr = classification_report(y_test, y_pred,
                                    target_names=lbs, output_dict=True)
```

```
        accuracies.append(clr['accuracy'] * 100)
    # 各次元の精度(Accuracy)をグラフで示す
    makeResultGraph(encoding_dims, accuracies)
```

プログラム4.15の実行結果の一部を図4.16に示す。(a),(b)は、それぞれ、自己符号化器により64次元あるいは4次元に次元削減を行った結果をUMAPを用いて2次元に変換してから可視化したものである。(c)は、次元数ごとのクラス予測の精度を棒グラフで表したものである。この結果より、次元数が減るにつれて可視化およびクラス予測の精度が低下していることがわかる。精度と次元数のバランスを考慮して最適な次元数を見つける必要がある。

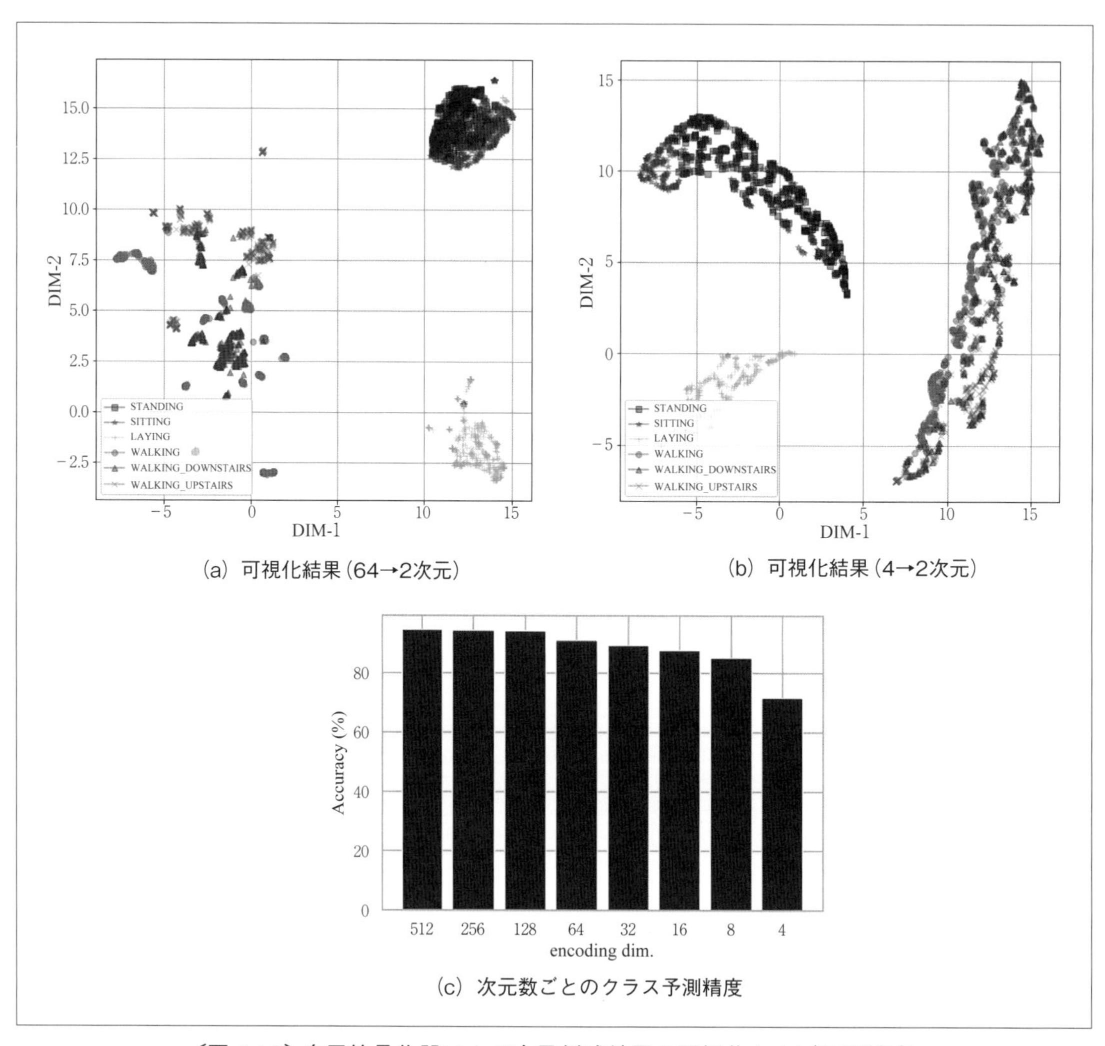

(a) 可視化結果(64→2次元)
(b) 可視化結果(4→2次元)
(c) 次元数ごとのクラス予測精度

〔図4.16〕自己符号化器による次元削減結果の可視化および予測精度

索引

■ 著者紹介 ■

北 研二（きた けんじ）

1981年、早稲田大学理工学部数学科卒業。現在、徳島大学大学院社会産業理工学研究部・教授。
マルチメディア情報検索に関する研究に従事。博士（工学）

西村 良太（にしむら りょうた）

2010年、豊橋技術科学大学大学院博士後期課程電子・情報工学専攻修了。現在、徳島大学大学院社会産業理工学研究部・講師。
音声対話システムに関する研究に従事。博士（工学）

松本 和幸（まつもと かずゆき）

2008年、徳島大学大学院工学研究科博士後期課程修了。現在、徳島大学大学院社会産業理工学研究部・准教授。
感情計算、自然言語処理に関する研究に従事。博士（工学）

●ISBN 978-4-904774-90-8

玉川大学　岡田 浩之　著

エンジニア入門シリーズ

ロボットプログラミング ROS2入門

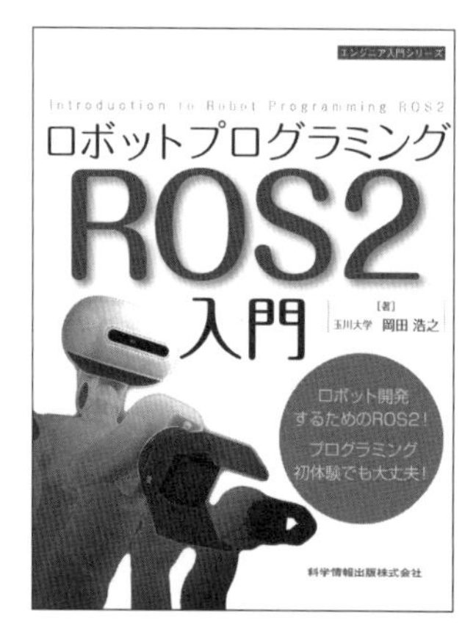

本体 3,200 円 + 税

発行／科学情報出版（株）

エンジニア入門シリーズ
—Pythonでゼロからはじめる—
AI･機械学習のためのデータ前処理［入門編］

2021年6月16日　初版発行

著　者　　北 研二・西村 良太・松本 和幸

発行者　　松塚　晃医
発行所　　科学情報出版株式会社
〒300-2622　茨城県つくば市要443-14 研究学園
電話　029-877-0022
http://www.it-book.co.jp/

ISBN 978-4-904774-98-4　C3055